主題式旅宿

設計經營學
IDEAL BUSINESS

市場趨勢 × 行銷策略 × 空間設計
剖析特色旅宿致勝關鍵

漂亮家居編輯部

Contents

Chapter 1
主題式旅宿的發展與走向

Chapter 2
嚴選全台主題式旅宿

Chapter 3
主題式旅宿設計經營心法

CH1

主題式旅宿的發展與走向

2020 年受到新型冠狀病毒肺炎（COVID-19）影響，旅宿業面臨觀光衰退，「主題式旅宿的發展與走向」，規劃了「旅宿轉型經營趨勢」、「主題式旅宿經營術」從不同面向探討旅宿業的經營趨勢與設計觀點。

結合旅宿與科技，讓服務於無形

導入智慧化、自動化的創新管理營運模式

文__Jessie　資料暨圖片提供__松山科技研發股份有限公司

松山科技研發股份有限公司 **許啓裕**

現職　松山科技研發股份有限公司創辦人
經歷　國立成功大學資訊工程研究所博士

 營運心法

幫助業主降低營運風險與成本。

提供旅客不同的創新服務體驗。

減輕旅宿從業人員的負擔，排除多餘雜事的負荷量。

近年來，各種智慧化商品充斥整個世界，也有人擔心未來多數工作將被人工智慧（AI）取代，但對旅宿業來說，貼心與溫度是人力服務最重要的一環，不過在 2020 年，新型冠狀病毒肺炎改變了一切，「盡量降低與他人接觸、時時刻刻必須做好清潔及消毒工作」，讓旅宿業者面臨前所未有的難題，甚至考慮轉型為智慧型旅宿，以下請到開發智慧管理系統——松山科技研發股份有限公司（以下簡稱松山科技）的許啓裕博士，剖析旅宿轉型的未來趨勢。

許啓裕在成大唸博士班時，一邊做研究，一邊創業，當初台灣無線識別晶片系統（Radio Frequency IDentification，縮寫：RFID）產業剛開始起步，他最初是做介於硬體和應用程式之間的中介軟件，但他注意到軟體市場更具潛力，進而開始研發門禁軟體、差勤軟體、訪客系統，其中訪客系統被一間商旅老闆相中，希望將此系統引進旅館，而開啓了智慧型旅館系統的發展之路。

軟硬體整合與導入，提高管理效率、降低營運成本

「傳統旅館上的經營痛點是什麼？就是什麼事都要靠人，旅宿智能化之後，就可以透過機器去補足人不想做的事情，像是新型冠狀病毒肺炎防疫時刻，相較於由人工量體溫，以機器量體溫更安全，」許啓裕強調，使用智慧化系統並非將所有人力以機器替換，而是讓人免於直接接觸患者，降低感染機率。

此外，透過智能化系統的導入，部分需要耗費勞力、記憶的事情，交由系統服務，例如松山科技提供的 APP 就是很好的個人化載具，旅客的生日、姓名、電話、喜好，全部設定在 APP 的參數裡面，時間到了，系統自動會發送出生日快樂的祝福，再送上優惠券，不需要人為記憶這些枝微末節，同時 APP 還能收到用戶回饋服務好壞。從業人員只要在系統後台操作就能看到數據資料，解決需要靠人力去統計、詢問的成本，更有效率地完成這些瑣事。

談到旅宿業的數位轉型，許啓裕認為，「過去可能要花好幾百萬元購買機

使用松山科技第二代智慧型系統的浮雲客棧櫃檯。圖片提供＿浮雲客棧

大浮是松山科技提供浮雲客棧運送備品的機器人，正面設計平板臉孔，希望讓訪客感受到浮雲客棧的服務精神。攝影＿Jessie

台才能獲得高科技服務，假如提供機台的廠商倒閉，那麼維修或保養便失去保障；松山科技則是將智能科技轉換成月繳幾千元的訂閱服務，讓中小型旅宿業者也能開始逐漸數位轉型。」

由於松山科技是新光保全底下的關係企業，基於新光保全的服務架構，將松山科技從智慧科技提供商，轉變軟硬體整合服務商，透過智慧化系統加上保全服務體系，全台各地都有 24 小時待命的機電科系保全人員，當管制中心通報哪裡的機器需要救援即會前往。如遇設備需要維護更新時，會以最快速度妥善處理，因此讓業者備感信任。

科技始終來自於人性，持續優化系統服務大眾

松山科技的第一代智慧型系統使用於台中鵲絲旅店，偏向科技導向，利用科技做空間的有效管理；不過，許啟裕的團隊深入探討旅宿產業後，發現服務才是旅宿業的精華，因此導入使用手機訂房、入住、開門、付款等多元化服務，進化成台中浮雲客棧的第二代系統，恰好符合目前疫情所需服務，將接觸程度降到最低，甚至加入飯店的服務流程，「像是客人 Check-in 之後，系統會預設客人抵達的時間，進而自動開啟空調預冷房間，巧妙結合旅館貼心服務。」許啟裕補充。客人在前台能得到安全快速的 Check-in 方式，客房服務則可自行決定由人力運送，或者由機器人服務。目前研發中的第三代設備甚至具備量體溫、人證核實的功能，勢必引發新一代智慧化旅宿的潮流。

以全球趨勢來看，零接觸的接待模式已成為旅宿業者的顯學，未來將進入人機協同的工作環境，旅遊解封之後，機器可以紓解部分旅宿業者人力不足的問題，同時創新旅客的服務體驗，維護從業人員的安危，將業主經營的成本與風險降至最低。旅宿業者若希望數位轉型，許啟裕建議選擇服務導向的設備供應商，只要花小錢，將能提供入住旅客更全面的服務。

這一款雙螢幕落地型自助櫃檯，由於售價不到新台幣 30 萬元就能購入，是松山科技的熱銷機種，所以廣受旅宿業者喜愛。圖片提供＿松山科技研發股份有限公司

創造獨有特色，持續優化品牌

搭配智慧設備與數據，解決營運痛點

文＿Jessie 攝影＿Amily 資料提供＿黃偉祥

白石數位旅宿管理顧問 黃偉祥

現職	白石數位旅宿管理顧問有限公司創辦人
經歷	美國飯店業協會核發共 12 張證照（AH&LA）、白石數位旅宿管理顧問有限公司創辦人、「Hostel Talk 青旅開講」執行長、臺北市觀光傳播局 105 年度旅館從業人員講習講師、大台南觀光產業品質提升計畫講師、紅色子房商旅投資課程講師、微信客棧大學講師、微信客棧群英匯講師、聖約翰科技大學教學旅館顧問、美國飯店集團駐台線上行銷

 營運心法

創造出讓客人主動來找你的特色。

學習後優化，融入在地化特點，最終設計出適合品牌的經營模式。

透過智慧設備搭配數據管理，解決營運痛點。

> **2020** 年對於全球旅遊產業來說，可稱得上是旅遊「慘」業，由於受到新型冠狀病毒肺炎（**COVID-19**）影響，導致台灣人無法出國，外國旅客進不來的窘境，許多小型旅宿業者試圖以各種不同的經營模式度過此次難關。白石數位旅宿管理顧問有限公司創辦人黃偉祥，將以其專業經驗分析旅宿未來經營的轉型趨勢。

　　身為旅宿管理顧問，黃偉祥坦言 2020 年旅遊業績相當慘澹，尤其在疫情爆發的 3、4 月，原本同時期的訂房率從 80％掉到剩下 8％，旅宿業者紛紛叫苦連天。在邊境、國外旅遊尚未解禁之前，旅宿業者在後疫情時期，該如何突破現狀？甚至從不曾遭遇過的困境殺出一條血路？

創造讓客人主動來找你的特色

　　黃偉祥提到，「要如何與他人不一樣，是旅宿業者最大的挑戰，所謂不一樣並非是特立獨行，而是找到旅宿的獨有風格並放大優勢。」舉例來說，當同一區域的旅宿都在提供溜滑梯時，你經營的旅宿卻能提供滑水道，等於是在相同基準點上優化特色，做出市場區隔。

　　「以往是 B2C（Business to Consumer）的時代，由旅宿業者四處去尋找可能的旅客，未來則是 C2B（Customer to Business）的時代，由消費者按照需求，自發性地透過 OTA（Online Travel Agency）、Facebook、Google Search 找到符合自己風格、興趣、預算的旅宿。」黃偉祥補充。由此可知，創造讓客人主動來找你的特色，才是未來旅宿經營能夠源遠流長的不二方法。

　　不過，黃偉祥談到主題式旅宿因為風格鮮明，很容易會被其他業者模仿，「如何提升市場區隔，也等同於考驗品牌的識別度，假如主題式旅宿的整體視覺、風格、裝潢、備品、紀念品……等所有東西都是相互串聯的設計，就很難被全面性地模仿，因為單一品項的模仿是簡單的，但要模仿一整間旅宿的方方面面，則很有難度。」像是台南相當有名的友愛街旅館 UIJ Hotel & Hostel 從員

SOF Hotel 植光花園酒店不以替舊換新的作法，反而保留大量裸露原貌，突顯老舊建築的特色。攝影__王士豪

工的牛仔縫線到外觀設計都具有品牌識別度，並加入當地專屬材料，在地化可說是旅宿業者未來勢必持續努力的方向。

如何在現有的旅宿中找出品牌特色？黃偉祥強調，「跳脫同溫層，別光是待在旅宿業搜尋相關產業的設計與資訊，而是打開視野，參與原先從未涉獵的領域，找尋新的想法。若是真的沒有想法，可以參考成功案例後再優化，而不是一味模仿抄襲。」

人機合作，並視疫情調整旅宿未來走向

目前疫情尚未明朗化，黃偉祥不確定何時能回復國際旅遊，旅宿業者眼下最迫切的就是撐過這一波疫情，將主力轉移到國內旅遊，並且有效調度人力，盡量削減無效的支出，比如說部分樓層可以暫停對外營業，只提供一台電梯載客……等方式節流。

為了因應疫情，降低人與人近距離接觸的機會，智慧型旅宿或智慧型Check-in，將會成為旅宿的服務選項之一，但黃偉祥認為無人旅宿不見得符合台灣市場，因為消費者在旅宿若發生什麼問題，找不到服務人員協助，反而容易留下服務不周的壞印象，黃偉祥提及，「人機合作是旅宿業將來的新營運模式，同時搭配客戶管理系統 CRM（Customer Relationship Management）建立顧客大數據，透過數據管理，加速個人化服務升級，解決營運上的痛點，並做到以往傳統模式做不到的售後服務與追蹤。」未來除了透過智慧設備搭配數據協助飯店優化營運，更重要的是，時時關注世界、社會上的動態，掌握外來客可再度來台的時間點，根據疫情調整旅宿未來的走向，提供戶外、生態活動……等符合大眾需求的活動。

本書是黃偉祥第二本著作，從經營一間微型旅宿開始，到運用大數據行銷方法將線上訂房、線下行銷做整合，進而了解旅宿競爭環境與市場需求！圖片提供＿漂亮家居編輯部

以建築空間呼應定位，
擁共同精神讓品牌更加分
將廢墟打造得更廢墟，成功創造獨特性

文__江敏綺　攝影__王士豪　資料提供__SOF Hotel 植光花園酒店

SOF Hotel 植光花園酒店
呂柏儀

現職　SOF Hotel 植光花園酒店執行長
經歷　逢甲建築碩士畢業，在學期間設計
出租套房 200 件以上、經營豪宮
大飯店、合夥創立小西城旅店、創
立 SOF Hotel 植光花園酒店、合
夥創立嬉行旅

💬 營運心法

讓三間品牌的核心客群不重
疊，以空間設計傳遞各自的
品牌特色。

透過共同精神，讓三間旅宿
品牌彼此相得益彰。

藉由定期將傢具等軟裝的主
題換新，為旅客創造煥然一
新的空間感受。

有別於多數設計飯店以藝術品及繁複裝潢堆疊出設計感，**SOF
Hotel** 植光花園酒店（以下簡稱植光花園）執行長呂柏儀則從突
顯建物本身特色著手，不做多餘裝修，僅以裸材、光線與植栽展
現廢墟粗獷美學。

看似廢墟感十足，實則蘊含自然建築概念，也呼應品牌本身定位。其實，早在推出植光花園前，呂柏儀已有經營旅宿的經驗，現年 35 歲的他雖年輕，卻已是三間旅宿的老闆，憑藉敏銳的市場眼光，2009 年接手豪宮大飯店後，四年來做得有聲有色，使得屋主決定收回去自己經營，但此時的他，早已累積一定的經驗與心得，便開始規劃自己的旅宿藍圖。

2015 年，合夥創立「小西城旅店」，主打平價舒適的青年旅館，用平易近人的價格享受高質感的住宿，成功打響第一炮。緊接著 2018 年創立植光花園，運用裸材、光線與植栽定義空間樣貌，開拓老屋新創的更多可能性。2020年合夥創立的「嬉行旅」，從空間到服務，無一不擄獲女性芳心。

核心客群區分品牌路線，藉由空間設計反映品牌特色

目前擁有 3 間不同品牌，該如何讓旅客區分品牌定位？呂柏儀分享：「讓客群不重疊，針對不同客群，在風格及服務上就會有所差異。」像是小西城以背包客為主，因此以簡約溫暖的木色調為空間基調，搭配開放式交誼廳，提供交友聊天的場地，營造溫馨居家氛圍。而以設計感為主軸的植光花園，吸引網美等年輕族群，以及對特殊設計感興趣的旅客入住。以裸露原貌搭配原始建材、光線與植栽，突顯建物本身特色，成功創造獨特性。廢墟感雖獨特，但善用傢具及掛畫，就能創造不一樣的氛圍，因此也會定期將軟裝換新，賦予耳目一新的感受。主打女性客群的嬉行旅，以清新純白空間，搭配幾何造型的線條，形塑現代質感，「為了讓女性旅客有備受寵愛的感覺，提供五星級服務，像是迎賓、送客服務、手工甜點、獨立咖啡品牌與 Dyson 整髮器，也特別挑選顏值高的男性員工，都能吸引女生。」呂柏儀說道。

明確定義出品牌各自的客群及定位，並提供相對應的空間設計及服務，讓不同品牌的旅宿均具備特色以及差異性，同時藉由共同精神，像是 3 間旅宿都有健康植栽、質感備品、貼心服務等，讓不論入住哪間品牌的旅客，都能感受到自然有質感的住宿體驗。

以集資概念從單店開拓旅宿

共同參與打出品牌價值

文＿Patricia　攝影＿江建勳　資料提供＿途中國際青年旅舍

途中國際青年旅舍

郭懿昌

現職　途中國際青年旅舍創辦人

經歷　教育部「產學雙師計畫」企業
講師、青創總會、文大教育推廣
部「青年旅館創業」課程講師、
交通部觀光局「輔導小規模旅館
轉型」專案委員、經濟部中小企
業處「創業資源服務推廣計畫」
創業顧問、勞動力發展署「微型
創業鳳凰」創業顧問

💬 營運心法

根據自身資源、條件確立旅
宿的經營方向。

投資旅宿業之前務必計算財
務框架與承擔風險能力。

善用政府部門資源，譬如青
創圓夢網站整合許多公部門
各種貸款專案，亦可申請免
費創業諮詢。

選擇以網路集資模式創立途中國際青年旅舍的郭懿昌，期望透過
共同參與，讓有心創業、對旅宿領域有興趣的夥伴們一同加入，
創立至今已達 5 間據點，互信基礎即建立在內部資訊公開且透
明，甚至對於貢獻的夥伴們給予實質的獎金回饋，讓多人經營團
隊能持續往前邁進。

長年旅行住過各種青年旅舍的美好體驗，讓郭懿昌在 10 年前興起投入旅宿產業的念頭，然而當時並沒有太多資訊參考，真正深入研究了解，才知道要籌備一間青年旅舍須面臨繁雜法規，再者，從實際資金面來看，他沒有擔保品可向銀行貸款，若是提案找投資方合作，恐怕淪為領薪水的經理人，一方面過往創業找朋友合夥的心得是，必須顧忌人情世故，工作上不見得適合，種種考量下，決定嘗試走一條獨特的經營模式，透過網路集資徵求創業夥伴。

以共同參與為初衷，集資找到合作夥伴

雖說是網路募資，但郭懿昌出發點不單單只是為了資金，更希望加入的合作夥伴擁有不同專長背景，也願意投入某種程度的參與或是協助。因此，從途中‧台北創立前期開始尋找物件的時候，郭懿昌便開始在臉書專頁上分享，就這樣為途中‧台北募集到 10 餘位來自不同領域的股東，包括花藝、資管、銀行業等，後來甚至連房東也加入股東團隊。當時的確落實共同參與，包括懂花藝的股東負責頂樓院子改造、任職銀行的股東協助刷卡機申請等，藉由參與提升對途中的認同感與向心力。

隨後雖然陸續以募資成立九份、花蓮、台東、玉里據點，不過到了第三間旅宿，郭懿昌開始思索，每個階段途中的運作計畫，以及對於合作夥伴的期許，尤其途中選擇走中小型旅宿這條路而非打造標準化的加盟店，因此每一個據點更需要有熱情，且願意待在當地深耕的夥伴才行，也因此像途中‧台東的主要營運者便是原本就在經營小型青年旅舍，為了拓展規模而加入途中，途中‧玉里的合作夥伴則是在地新住民，投入大半積蓄全心經營玉里據點，透過策略性的互補合作，也讓途中東部的三個據點能互相串聯起來。

郭懿昌也提及，面對多人合夥的投資參與，互信的基礎建構在內部資訊清楚透明。創立初期即以 google 雲端彙整各家資訊，透過帳號做權限管理，股東們可以即時點閱了解每日訂單、支出，每個月也會固定產生統計報表，另外很多決策也會採內部討論、投票進行，每年的分紅制度則是將營收扣除周轉金、設備更新修繕費用（視各據點而定），再依照股份比例分配。此外，由於每間據點的主導營運股東不同，這些營運股東承擔風險、參與貢獻多半付出也較多，因而經營團隊也討論出主導營運股東的獎金回饋制度。最後郭懿昌也提醒，多人合夥制度下相對需要付出較多溝通時間成本，前期若能設定好制度規則，同時也讓參與、貢獻透明化，每一位夥伴都知道誰做了努力與付出，相對會減少紛爭與猜忌。

用大師建築帶動離島四季觀光

因應環境而生，感受最在地的菊島風情

文__Joy　攝影__原間影像工作室朱逸文　資料暨圖片提供__Enishi Resort Villa 緣民宿

緣民宿 Enishi Resort Villa
劉淑芬

現職　緣民宿 Enishi Resort Villa 負責人

經歷　四十年皮雕經驗，是師承日本的台灣第一代
皮雕技藝專家。1996 年於清境創立第一家
民宿——玩皮家族民宿。1998 年於澎湖馬
公開設第二家民宿——傻風旅店。2020 年
榮獲 ADA 新銳建築獎首獎的緣民宿 Enishi
Resort Villa 於澎湖湖西鄉正式營運

💬 營運心法

形象要符合現實，提供自己
力所能及的服務。

把建築做好，將可成為永續
經營的宣傳特點。

離島淡季與同業合作，有效
攤平人事成本。

淡季長年受到東北季風侵襲，澎湖觀光業早已習慣做半年休半年
的日子，返鄉開設民宿的劉淑芬（以下簡稱劉姐）想跳出傳統窠
臼，希望複製日本離島的成功經驗，藉由大師級建築與在地氣候
和諧共存的智慧與設計，吸引觀光人潮不分季節到訪，為菊島的
寒冬帶來一絲曙光。

緣民宿 Enishi Resort Villa（以下簡稱緣民宿）主人劉姐，是八零年代台灣首批的皮雕技藝專家之一，因緣際會在清境農場創立玩皮家族民宿；兩年後在澎湖馬公文康市場舊址、也是自家起家厝開設第二家——傻風旅店；緣民宿是劉姐第三個作品，也是首間委請國際級團隊設計打造的高質感設計建築，貼合菊島當地人文風情、四季變換的設計，暗藏劉姐希望為澎湖爭取更多淡季觀光資源的宏願。

緊扣地緣優勢，吸引不同度假模式客源

兩家位於澎湖的自地自建民宿，劉姐在開店前就清楚地緣優劣、做出風格區分。前者傻風旅店位於馬公市中心、文康早餐街，空間較小、自行規劃設計而成，提供寵物友善住宿與步行便利；後者則鄰近馬公機場、林投公園與隘門沙灘，以日本大師建築獲獎作品為號召，吸引建築相關人士與喜愛海邊活動的旅客為主，「緣民宿從試營運開始就格外受到國外朋友青睞，步行即可來往社區、民宿、沙灘，正是他們最喜歡的度假模式。」

劉姐擅長放大位置優勢，即使沒有大開窗海景、網紅拍照角落，澎湖的市井面貌、粗獷堅毅的冬日野生景觀依舊讓人流連忘返。

「我們能持續開展新旅宿，維持口碑的方法就是提供與房價匹配的服務，在力所能及的範圍讓客人滿意、想下次再來！」劉姐如是說。例如緣民宿設計前期就請建築師加入退房後仍可使用的一樓盥洗室，方便客人在等航班期間去海邊盡情享受之後，可輕鬆打理乾淨、優雅踏上返家旅途；每間房都會備齊四個軟硬高低枕頭供調整；使用的咖啡豆一定為兩週內購入、每早新鮮現磨送至客房；早餐使用在澎湖紅羅村特約農家購買散養雞蛋等等。她堅信：魔鬼藏在細節裡，只要用心客人一定能感受得到！

然而看似開幕即獲得廣大迴響的工業侘寂風獲獎民宿其實暗藏訂房危機。

「目前我們網路只委由沿菊文旅單一窗口訂房，是由於民宿風格特殊、價位也偏高，一般團體客的接受度與滿意度都不太好，擔心成為網路評分的扣分來源與負面宣傳。」劉姐坦白地說，網站照片與文字敘述力求寫實，加上客源管控，先讓訪客有初步了解、才能賓主盡歡。

此外，為了提升淡季的住宿率，緣民宿在冬天還計畫與大學合作建築營講座、皮雕教學、規劃中的淨灘活動等，力求與周遭社區環境一起變好、共存共榮。

引領旅宿業突破窠臼
飯店團隊也能策展
利用現有資源，創造空房多元價值

文__Jessie　資料暨圖片提供__Home Hotel

Home Hotel 陸念新

現職　　Home Hotel 品牌行銷總監
經歷　　威秀影城行銷

💬 **營運心法**

觀察時下政策與趨勢，時時
應對做出好口碑。

與異業結合迸發創新活動。

以親民價格與周遭飯店業做
出品牌差異化。

2020 年，Home Hotel 兩館受到新型冠狀病毒肺炎（**COVID-19**）疫情影響，原本 **8** 成的住房率，大幅下降至 **1** 成，疫情之下，如何創造空房利用率，在大型飯店集團與特色旅宿之間搶客源，正是度過這波難關的當務之急。

Home Hotel 品牌行銷總監陸念新在投入旅館業前，從事電影與服裝品牌行銷，他深知電影汰舊換新的速度飛快，反觀旅宿品牌必須累積口碑與創造特色，才能吸引大眾眼球，談到旅宿選址，他坦言大多數消費者會在乎飯店是否方便到達，尤其是位於大都市的飯店，選擇設立在大眾運輸工具容易到達之處，對旅客來說，會比設在偏遠地區的飯店更有競爭力。

結合異業迸發創新活動，讓房間價值極大化

「除了做包套行程，旅宿業還能做什麼？」這是陸念新最初開始想做內容行銷的起點，希望能突破傳統旅宿業的思維，「畢竟房間的價值、保存期限只有一天，今天過了，明天就失效，因此要想辦法在空房時達到空間最大效益。」

陸念新不依循其他品牌做過的活動，而是突破飯店套裝旅行窠臼，2016年推出「與設計共眠」活動，2018 年結合孩在 Hi! Kidult，推出立體式展覽「13個房間創作藝術節」，陸念新強調，「藝術和生活是很貼近的，我們提倡看得到、用得到、買得到的藝術品，讓藝術成為生活的一部分。」這場展覽讓 Home Hotel 知名度大增，也因此結識驚喜製造陳心龍與林業軒，激發出獲得2019 年紅點設計獎的「微醺大飯店」。

觀察世界脈動，持續調整經營品牌策略

今年遇上新型冠狀病毒肺炎疫情，1 月時 Home Hotel 兩館住房率約有 8成，3 月底政府宣布旅客禁止來台，住房率只剩下 1 ～ 2 成，4 月時，經公司內部討論後，Home Hotel 大安決定先加入防疫旅館，除了為台灣社會做出貢獻，也希望這筆收入能支付飯店基本開銷，穩定營收。

針對 Home Hotel 的未來規劃，陸念新表示，「若找到對的地點，可能會在台北市以外拓點，甚至會開發更符合當下趨勢的旅宿，不一定會以 Home Hotel 的名義推出，可能以副牌形式命名，但目前由於疫情尚未明朗化，未來會再評估趨勢發展多樣化的旅宿。」此外，下一間飯店勢必會結合智慧化系統，目前除了房務無法被取代之外，以智慧化系統優化流程是將來的趨勢。他也期待疫情之後，Home Hotel 持續創造體驗內容，讓愈來愈多人認識 Home Hotel。

結合旅行與閱讀兩件最愛的事

經營彼此歡喜不勉強的待客之道

文__Virginia　攝影__邱于恆　資料提供__艸祭Book inn

艸祭 Book inn　莊羽霈

現職　艸祭 Book inn 經營者

經歷　重度閱讀愛好者，因工作來到台南，而後成為台南媳婦與台南結下更深的緣分，曾參與 UIJ 籌備工作，2017 年接手草祭二手書店重生為艸祭 Book inn，繼續接待來自世界各地的舊雨新知

💬 **營運心法**

自己愛用認同的才推薦給客人用，真誠待客身體力行。

初次入住的客人充分溝通照規矩來，回頭客給予彈性。

不委屈客人更不委屈自己與員工，互相尊重平等對待。

「書籍豐富心靈，旅行豐富人生」是「艸祭 Book inn」官網上的文案，閱讀與旅行也是現任經營者最愛的兩件事，一直想開一家書店主題民宿，2017 年因緣際會接收了台南知名文青二手書店草祭的空間與藏書，讓它新生為艸祭 Book inn。瀏覽部落客的住宿心得，有不少二訪、三訪甚至有多次再訪的分享文，在古都台南眾多住宿選擇中，究竟是何種魅力能吸引旅人一再回訪？

　　5 年前因籌備友愛街旅館而到台南生活，後來更成了台南媳婦的莊羽霈（Emily），深受台南民間文化能量與豐富人文感動。喜愛旅行的她更是重度嗜讀者，每天睡前一定要閱讀，旅行更是必須帶著書共遊，在住過各地各樣的旅店之後，她便萌生將兩件最愛的事結合的想法：開一家書店主題民宿，於是便開啟了這個「睡在書店裡」的奇幻之旅。

待客如待己，協助旅人在途中生活

　　Emily 在任職友愛街旅館協理時赴日考察住了十多間旅店，給了她許多往後經營艸祭的養分與經驗。參考完他山之石，回到艸祭 Book inn，一個坐落在台南街屋老房子的書店主題旅宿又該如何定位？她立志做台南最貴的背包客旅店，從床墊、枕頭、棉被、毛巾，都比照飯店等級並試躺試用，洗浴備品選用「O'right 歐萊德」，感同身受更在「女朋友房」中入微體現。不少背包客旅館是男女混宿，若是半夜到公共區域使用洗手間，為避免尷尬光是穿戴整齊就讓人睡意全消，因此規劃了女性專用區，準備了洗臉卸妝保養品和生理用品，就像一時粗心忘了、身邊好友伸出援手般的貼心感。乾濕分離的衛浴、洗臉盆、化妝檯分流的設計，對經常入住背包客旅館的人來說，真的會忍不住給五顆星比讚。

有所堅持培養一群忠實常客

　　A 之蜜糖可能是 B 之砒霜，因此 Emily 從不特意降價促銷或宣傳，但在她的觀念中認為「你有需求、我能供應」這樣彼此都不勉強的關係，才能長久經營。對於訂房的客人，都會再三說明確認，如果有疑慮或是不確定，Emily 甚至會推薦台南她覺得不錯的旅店給客人，歡迎他們這次先來看看不一定要住；入住時也必定會口頭說明住宿需知，而不是只用書面文字讓客人自己看。相較於一般背包客旅店，艸祭 Book inn 的客群年齡層在 35 ～ 55 歲，其中不乏上市櫃公司老闆、家族三代出遊這樣始料未及的客群。這次新型冠狀病毒肺炎（COVID-19）疫情住房率也受到影響，期間陸續收到國內外客人來信問候，有些人更許下他日再訪的約定，這些溫暖人情，是日常經營之餘而能持續迎客的熱情動力之一。

超前部署！以智慧型旅宿切入台灣市場

觀察市場趨勢，開創產業新布局

文__Jessie　資料暨圖片提供__浮雲客棧

浮雲客棧 林志明

現職　浮雲客棧董事長
經歷　台中一中
　　　　台大地理環境資源學系
　　　　美國達拉斯大學 MBA

💬 **營運心法**

每週一次教育訓練，並提供線上教材方便員工透過手機學習。

要時時創新才能成為產業領導者。

注意運動、飲食，維持強健的體魄，才能無後顧之憂地衝刺事業。

浮雲客棧董事長林志明在經營麗冠住園數年後，想到父親曾經營位於台中火車站的旅館，當年時逢越南戰爭，許多美軍皆暫住於此，四層樓的旅館生意相當好。於是，他決定在麗冠住園隔壁的自有土地上建立浮雲客棧，以期創造另一波事業高峰。

　　由於旅宿創業需要投入的資金成本高，林志明十分小心謹慎，在決定投身旅宿業之前，閱讀大量相關書籍，從房務到餐飲管理，每每碰到問題，都會想盡辦法解決。林志明在學生時代就對電腦深感興趣，當時電腦科技才剛萌芽，如今電腦應用層面相當廣泛，且具備簡化工作的優勢，讓生活越來越方便，他也觀察到日本大多數的中小型旅宿在 10 年前都已無人化，加上人口持續負成長，將來服務業只會愈來愈難找人，他決定以智慧型旅宿切入台灣旅宿市場。

導入智能系統，降低人力成本

　　浮雲客棧剛開幕就受到新型冠狀病毒肺炎（COVID-19）疫情影響，損失特別大，不過林志明認為，浮雲客棧的優勢在於利用智慧型系統，有效提高入住速度，降低感染風險，住宿過程完全不會接觸到陌生人，能夠保障員工和旅客的健康安危，拉長時間來看，未來若發生類似疫情，對品牌來說反而很有利。經過這次疫情，林志明也意識到旅宿必須找到住宿之外的營利模式，像是販賣優惠住宿券、餐券、參加旅展，甚至提供外送服務……等方式，才能提升業績、增加知名度。他強調，「做生意就是要鬥智，及時找到問題關鍵，解決它。」

　　談及經營策略，林志明表示，「浮雲客棧最初使用 OTA（Online Travel Agent）當作行銷管道，大約七成旅宿都會使用 OTA 觸及新客群，但 OTA 會抽 15 ～ 20% 的傭金，未來如果老客戶占比高，將逐漸降低使用 OTA 的比例，目前正在積極推展官網。」平日選擇與旅行社配合，提升住房率，假日則經常客滿，一房難求。

　　經營旅宿是一條遙遠漫長的路，2013 年，當時一雙兒女才國中，林志明已經將他們預設為旅宿接班人，兒女國中畢業後，便將兩人送到美國深造，兒子畢業於藍帶廚藝學校，之後在希爾頓飯店實習，女兒則是學習烘焙，正在北德州大學就讀餐飲管理，他循序漸進地培育兒子和女兒成為下一代接班人。

　　老爺酒店、晶華酒店、寒舍酒店這三大品牌酒店，是林志明希望效法的對象，他期許浮雲客棧未來成為人人搶著入住、購買餐券的品牌，同時他也期待與松山科技一起研發出可以收取住宿券、餐券等的自動櫃員機，以及定時定點表演的機械手臂，帶給房客有別於一般旅宿的住宿體驗。

Plus 專訪白石數位旅宿管理顧問黃偉祥

主題式旅宿經營 Q&A

看完前述的旅宿轉型經營趨勢，可以知道旅宿未來的趨勢將走向人機合作，並搭配顧客管理系統 **CRM**，建立顧客大數據，進而加速個人化的售後服務與追蹤。不過，是否有其他經營策略能參考執行？白石數位旅宿管理顧問黃偉祥針對經營主題式旅宿，提供經營 **Q&A**，為旅宿業者解惑。

攝影＿ Amily

Q1：主題式旅宿該如何找到它的品牌定位？

A1：聚焦在單一主題，帶領消費者融入旅宿情境與氛圍。

「主題式」代表特色、特徵，而非一般單純提供住宿的飯店，必須讓消費者留下深刻印象，帶給消費者不同於日常的體驗。因此，主題式旅宿要找到專屬的特色、特徵，並聚焦在單一主題，而非將各種主題涵蓋在一間旅宿中，讓人失去焦點，才能帶領消費者融入旅宿情境與氛圍。像是棒球、科技、情趣、海洋，等各類主題，都能夠成為一種特色。此外，旅宿的裝潢、設計風格、軟裝應用、服務都關乎體驗，因此，這些元素也要和主題有所搭配呼應，並符合消費者的體驗需求。

Q2：如何運用 OTA（Online Travel Agent）突顯主題式旅宿自身特色？

A2：運用 6 大密技，突顯旅宿特色。

一、主頁照片相當重要，且一定要和旅宿的主題相關，扣合在一起。

二、頻繁更換照片、新增照片，以一個房型至少有 4 張照片來計算，OTA 上具備 20 ～ 30 張照片是基本需求，OTA 後台會依據照片、業者是否經常回應評論來為旅宿評分。

三、不要拒絕 OTA 上面的 Landing Page（登陸頁面，使用者進入網頁所見的第一個頁面）的專案活動邀請，OTA 會不定期挑選並邀請符合當時假期或節慶的主題旅宿做活動，像是在情人節前夕做精選 10 間情趣主題旅宿，參與活動不僅能刺激訂房率，還能增加曝光度。

四、網路上經常會看到一種行銷手法是運用劃掉的價格搭配限時優惠，透過消費者想要占便宜的心理，讓他們感受到假如現在錯過，折扣就不再的心情，搶著要下定。

五、為了突顯主題式旅宿的特色，透過各種方式讓 OTA 的排名在前面。

六、維持主題式旅宿的優良品質，持續更新、創造價值。別只在旅宿開業初期提供完善服務，而且主題式旅宿的特色鮮明，在市場上很容易失去新鮮感，因此，要定時維護、創造旅宿新價值。

攝影＿ Amily

Q3：主題式旅宿要如何利用 OTA 提升競爭力？

A3：主題式旅宿因為主題鮮明，更有機會在 OTA 上博取版面。

主題式旅宿與一般旅宿在 OTA 上面的競爭是公平的，但旅宿賣相可能會影響 OTA 的傭金抽成，因此別小看照片的威力。不過，在特定假期、節慶，主題式旅宿因為主題鮮明，反而更有機會在 OTA 上博取版面。

Q4：除了找出主題式旅宿的「梗」，還可以透過哪些方式行銷推廣旅宿？

A4：經營自媒體、找 KOL 入住打卡、異業結合。

主題式旅宿一定要懂得經營自媒體（IG、Facebook、Youtube），如果旅宿有足夠的話題性、張力也足夠，再加上住宿品質優異，很容易就能在自媒體導入流

量，甚至是找網美、網紅、部落客住宿打卡，以時事結合行銷梗，都是很棒的行銷手法。此外，尋求相關異業結合，彼此相輔相成。舉例來說，許多親子旅館會主打選用「施巴」這個沐浴品牌作為給嬰兒使用的洗髮精、沐浴乳，而施巴也會向外宣傳眾多親子旅館選用它的品牌，雙方透過彼此推廣宣傳，增加知名度。

Q5：給未來希望經營旅宿的人一些建議？

A5：3 個重要建議，讓旅宿業者少走冤枉路。

一、著重在數據耕作，累積種植你的數據。假如是中小型旅宿業者，剛開始沒有太多的預算添購昂貴數據系統，至少將數據記載在 EXCEL 表上，像是住宿的男女比例，年齡層大約坐落在幾歲等，業者必須很清楚自己的客群和品牌定位。

二、即便特色不多，還是要想辦法創造特色。舉例來說，金門一間閩式建築，由於是國家遺產，不能更動建築，但他們種了很多金門的原生植物，所以很多旅客前往旅遊時，會驚訝於能在金門看到這麼多台灣沒有的植物種類，並且找來植物學系的碩士學生，和前往的旅客介紹每一種植物的用途和特色，會感受到與其他民宿不同的知識含量，由此可知，特色能夠藉由旅宿管理者發想出來。

三、先學會成本計算，再來經營民宿。這是大部分旅宿業者和年輕創業家最弱的部分，旅宿顧問通常在協助旅宿業者諮詢時都會請業者先算出預期住房率必須達到幾成，才能損益平衡。

CH2
嚴選全台主題式旅宿

以台灣本土的主題式旅宿品牌產業經營軸心切入，蒐羅北中南各地炙手可熱的旅宿，分成「旅宿重現舊時光」、「青年旅宿玩設計」、「自地自建蓋旅宿」、「沐浴人文藝術中」、「擁深度文化體驗」、「智慧旅宿超先進」等六大類型，一起來看他們的經營術、空間設計與獨到的經營模式與心法。

SOF Hotel 植光花園酒店藉由空間傳遞自然建築概念。

🚪 SOF Hotel 植光花園酒店

以自然建築概念做最低耗材裝潢，讓旅客安心入住

整合裸材、光線與植栽，賦予廢墟鮮活新貌

文__江敏綺　攝影__王士豪　資料暨圖片提供__SOF Hotel 植光花園酒店

老屋新生的案例比比皆是，比起住家裝潢，將老舊建築改建成旅宿空間，背後要考量的層面更顯複雜。「**SOF Hotel 植光花園酒店**」（以下簡稱植光花園）裸露頹廢的外觀，常讓經過的路人誤以為飯店還在施工中，看似廢墟感十足，實則蘊含自然建築的環保概念，以最低耗材裝潢，少了甲醛與環境致癌物的潛在威脅，賦予旅客安心住宿的環境，同時藉由光線與植栽，映襯出老舊建物裸露頹圮的特色，成功在台中旅宿市場中異軍突起。

Brand Data　SOF Hotel 植光花園酒店。隱匿在城市中的祕密花園，佇立於台中舊城區，前身是一棟充滿故事的老建築，不同於替舊換新的作法，創辦人選擇將兩者融合，用新的技術保存歷史的痕跡，整理老屋，就是希望推廣文化資產保存的概念，「台灣人喜歡新東西，希望藉由植光花園讓大家能欣賞舊東西，尊重老房子的精神，避免資源浪費。」

開放式的公共空間設有閱讀區、用餐區、戶外休憩區，口字型動線有助於通風及光線流淌，裸露水泥搭配天花的黑色管線展現粗獷美學；接待櫃檯選用深綠色的台灣蛇紋玉石，呼應綠意植栽。

　　植光花園前身為「白雪大飯店」，建築本身有 54 年歷史，後歷經酒店、卡啦 OK 等八大行業，隨著台中商圈轉移，中區逐漸沒落而荒廢。20 多年來無人問津，直到 SOF Hotel 植光花園酒店執行長呂柏儀慧眼相中，「這棟建築位於台中火車站步行約 10 分鐘的距離，地點相當方便，加上為獨棟建築，左右均無鄰房，適合作為飯店使用。」

　　既然看中的是建築物本身，他打算進一步突顯老舊建築的特色。本身是建築碩士畢業的呂柏儀表示，「當初改建時觀察了許多國內外老屋新生的案例，滿想知道國外建築師對於這棟廢墟的觀點是什麼、透過不同文化及眼界會催生出什麼樣的新面貌。」於是延攬擅於老屋改造的紐西蘭建築事務所 Fearon Hay 操刀規劃。

廢墟風吸引目光，藉由空間傳遞自然建築概念

　　不同於老屋新生多為替舊換新的作法，崇尚自然派的 Fearon Hay 以「自然建築」為設計概念，不僅保留大量裸露原貌，連破舊的外牆都堅持不做立面

拉皮，改以內退手法，讓客房多出陽台空間，以頹圮破敗的原始面貌彰顯空間的歲月感及獨特性。並打通當年填封的長方形天井，引入豐沛日光，除了底層規劃花園造景，每層樓也請專業團隊佈置許多翠綠植栽，天光撒下、盎然綠意層層攀爬，為廢墟建物注入生機與活力，平衡裸露混凝的冷冽感。

呂柏儀分享，這也是為什麼飯店取名「植光花園」，植栽與光線，就是最重要的裝飾。植可作為名詞及動詞，代表植栽與植入光線之意，因此飯店內部以暗色調空間去突顯光線的存在，並選用原始建材，如鐵件、玻璃與木頭做最低限度的裝修，因此，飯店的甲醛含量指數極低，賦予旅客安心住宿的環境。此外，大廳的接待櫃檯特別選用台灣蛇紋玉石砌築，以深綠色的大理石呼應鮮綠植栽。

呂柏儀認為，應該跳脫框架，以不同觀點來發掘老屋新創的更多可能性。以廢墟風在台中異軍突起的植光花園，做出市場差異性，成功吸引許多年輕旅客入住並一探究竟。他坦言，希望來入住的旅客，除了打卡拍照外，也能藉由空間設計認識自然建築的概念，多愛護彌足珍貴的老建築，避免資源浪費。

透過整體住宿體驗，與台灣在地產生連結

如此細微的心思也反映在菜單設計及備品挑選上，除了以新鮮咖啡豆取代咖啡包外，特別嚴選台灣在地新鮮食材，並將菜單設計為義式菜色，呂柏儀解釋：「義式料理除了有特色、擺盤美外，大量的蔬菜也呼應飯店的植栽造景，將空間中的盎然生機延續到餐盤上。」

同時，致力與台灣在地產生連結，像是房間床墊特別選用彰化在地的職人手作床墊，以傳承 50 年以上的台灣工藝精神呼應植光花園的老建物特色。此外，也邀請台灣表演團隊在飯店大廳舉辦音樂演奏會，以及聘請似顏繪畫家替住宿旅客繪製畫像等，從空間設計、菜單、備品到活動，緊扣自然與在地的品牌精神。

每個房間均有大片落地窗，白天採光極好，黑色漆面搭配原始水泥的暗色調突顯光線的存在，照明配置上以投射燈、立燈等間接照明，輔以照度小的暖黃光，營造氛圍及光影層次感。

沒有多餘裝修，讓光線與植栽成為空間主角，採訪當日正巧碰上午後雷陣雨，雨水灌溉下，不須特別精心照料，植物也能越發茁壯。

精準定價策略，從空間到細節讓消費者感受其價值

　　品牌的定價往往關乎到企業獲利及消費者觀感，呂柏儀大方分享其定價策略。起初他先對競爭對手進行全面性的市場調查，接著分析自身品牌價值。植光花園在商旅中偏高價位，他解釋，「主要是因為品牌定位為設計飯店，獨特的設計感本身就能提高消費者的觀感價值。」

　　為了避免讓消費者產生價格與價值的認知落差，除了藉由建築空間精準傳遞品牌精神外，同時也提供符合品牌定位的菜色、備品及貼心服務，他進一步補充，「菜單設計的義式菜餚給人感覺較為精緻，符合設計飯店定位，房間中的用品也都精挑細選過，像是選用 TESCOM 中高等級的吹風機，並以設計帆布袋盛裝，而旅客也能利用帆布袋帶著房間內提供的零食出門，」藉由空間以外的小細節，讓消費者對品牌產生正向加值。

共享空間同樣維持裸露工業風，讓新舊建材適切交融在一起。

疫情期間轉為包月短租，維持業績且不需裁員

　　知悉定價策略如此重要的他，即便碰上今年的新型冠狀病毒肺炎（COVID-19），在疫情影響下，多數旅店、甚至包含五星級大飯店都降價賠本時，呂柏儀卻堅持不降價，「因為一旦降價，很容易造成品牌崩壞。」但沒客人上門、業績慘兮兮的情況下，該如何度過這波難關？他進一步解釋：「首先，我有充足的備用金，至少能撐上一年時間，但無法預知疫情將會持續多久的情況下，勢必得找到出口，此時我想的是，如何能讓飯店更好？」

　　腦筋動得快的他，在疫情影響最劇烈的期間，將飯店暫時轉型為「包月產品」，提供給在台中當地因工作而有短期住宿需求的客人，「雖然旅客減少了，但包月短租的需求一直都在。」靠著足夠備用金，加上包月短租策略，讓他即使不降價，也不影響營收，且完全不需裁員，飯店員工在疫情期間照樣正常上班、服務短租客人。

房間內部的桌子、床架及衣櫃均使用日本檜木合板構築，屬於結構材的一種，具有防潮、防蟲蛀等優點；衛浴空間以水泥灰磁磚佐搭黑色鐵件層板及梯架，可置放毛巾，兼具實用與造型。

SOF Hotel 植光花園酒店

布局拓點計畫

2018 ──────────────────────────────────▶

SOF Hotel 植光
花園酒店成立

品牌經營	
成立年份	2018 年
成立發源地	台灣台中
首間旅宿所在地	台中市中區
成立資本額	NT.200 萬元
年度營收	NT.2,700 萬元（SOF Hotel 植光花園酒店）
國內／海外家數占比	台灣 1 家
直營／加盟家數占比	直營 1 家
加盟條件／限制	不提供
加盟金額	不提供
加盟福利	不提供

店面營運	
旅宿面積	600 坪
住宿價格	一晚約 NT.2,000 元
每月住宿銷售額	NT.230 萬元
總投資	NT.8,000 萬元
店租成本	NT.25 萬元（不含押金）
裝修成本	NT.8,000 萬元（含拆除費用、設計裝修、結構補強、傢具軟裝費用）
人事成本	NT.30 萬元
空間設計	紐西蘭建築事務所 Fearon Hay

漫步 Meander 致力於成為在地人與旅客間的橋樑，不同的分館皆能與當地商家、景物建立深度連結。

漫步 Meander

開創青年旅館新定位，
每一個據點都來自緣分的延伸

不同的分館各有特色，重視在地化體驗

文_王馨翎　攝影__Amily　資料暨圖片提供_漫步1948

漫步 **Meander** 的台北車站分館「漫步 **1948**」，於 **2018** 年榮
獲老屋新生金獎，地理位置靠近台北車站，為士林紙業的舊址，
保留了具有歷史文化意義的建築外觀，由內部重新改建，打造成
新舊元素融匯且展現人文氣息的青年旅館。

Brand Data　　漫步 Meander 於西門町、台北車站皆有分館，位置交通方便且極具在地特色，不同的分館有著相異的風格與氣息，住宿環境時尚且整潔，提供私房活動可讓住客快速體驗當地文化。房型多元，可供單獨旅人、三五好友或者大型團體入住，近期位於越南的 Meander Saigon 分館亦即將開幕

漫步 1948 館內有著寧靜明亮的氛圍，十分適合想要享受悠閒假期的人前來休憩，偌大的交誼廳亦可容納多人共用。

　　漫步 Meander 創辦人林維源於大學時期，自香港遠赴台灣就讀輔仁大學餐飲管理學系，原本在畢業之初，十分肯定不想投入旅館業，而在返回香港就職一段時間後，卻發現自己並不適合從事需要留守辦公室的工作，因而興起了創業的念頭。在思考創業的過程中，發現香港的青年旅館業態有很大的發揮與進步空間，故投身青年旅館品牌的創業之途，期望自己能開創出獨特路線，扭轉大眾對於青年旅館的既定印象。而選址十分看重緣分的林維源，由於遲遲無法在香港找到據點，卻因緣際會經由朋友介紹而有幸能在熱門觀光景點之一——台北西門町，開啟品牌的第一站。

放大旅居尺度，讓品牌自身言說核心精神

　　「在構想此品牌時，懷有的一個初衷是，漫步要創造的是，以創新的手法，改變大眾對於青年旅館的既定印象。」林維源訴說著創立品牌的動機，通常旅客對於青年旅館的定義，不外乎是便宜、宿舍型、空間小……等，因此首要的挑戰便是將青年旅館的居住尺度擴大，故漫步 Meander 的分館建築體積皆較一

般青年旅館大，房間的空間也顯得更加寬敞，部分房型甚至能擁有獨立的景觀陽台。「較小的空間量體確實比較容易經營出風格或氛圍感，不過，經由環境條件的拓展，才能讓團隊合作的力道有更充裕的空間發揮，以更多元的方式體現品牌的核心精神，會是比較長遠的經營作法。」林維源語末補充道。

此外，漫步 Meander 不同於多數的青年旅館，一反老闆常駐於旅館中與客人互動的常態，對此林維源也有著自己的一番見解：「一個人即使很熱愛自己的工作或品牌，依然要試著找到一個載體，讓載體去體現自己的熱情與理想，而不是寄託於創辦人的存在感強度。」避免過度強烈的個人色彩，是為了讓住客能更專注地與品牌、空間互動，如此一來，便不會由於人員的去留而影響了住客對於品牌的觀感。而住客對於旅店是否能留下好印象，除了居住空間的舒適度以外，也會極大程度的取決於人員的服務方式。對此林維源表示：「對於員工服務方式的訓練，主要是鼓勵他們多問問題，在住客尋求幫助或者有疑問時，透過多方的發問更深入了解其需求，才能給予恰如其分的協助，進而讓顧客感到賓至如歸。」

不同分館的體驗，成為在地人與旅客之間的橋樑

在數位網路發達的時代，線上訂房系統的便利性極高，因此旅客藉由上訂房網站，依據房型、交通便利性等條件尋找合適的住宿已是常態。但這樣的消費慣性卻也是漫步 Meander 企圖予以突破的現象。

「一直以來都在思考，如何讓品牌與住客之間產生連結性，讓旅客一旦有尋找住宿的需求，立即能想到台北漫步。」林維源緩緩道來，為了讓住客能獲得休憩以外的體驗與照護，漫步 Meander 不同的分館皆有各自的質性，能滿足不同需求與喜好的住客，以西門町分館為例，其氛圍較為熱鬧，十分適合生性熱情且喜愛交朋友的客群，經常能見來自不同國家的旅客同聚一室暢聊；反之位於台北車站的分館則較為寧靜，居多為獨自旅行的遊客，期望能擁有一段清靜且專屬於自己的假期，自在地放慢生活步調。

（上）漫步 1948 榮獲 2018 年老屋新生金獎，改造士林紙業舊建築，適度保存本有的建築裝飾語彙，呈現新舊融匯的美感。
（下）最特別的是位於二樓的網床，可供住客坐臥於上稍睡片刻或者閱讀書籍。

漫步 1948 的建築體積皆較一般青年旅館大，房間的空間也顯得更加寬敞，部分房型甚至能擁有獨立的景觀陽台。

　　除了不以複製的手法經營分館性質以外，漫步 Meander 亦持續努力於使旅店成為在地人與旅客之間的橋樑，不同的分館皆能與當地的商家、景物建立深度的連結，並藉由提供 Tour 服務帶領住客走訪在地人的私房景點，於巷弄中穿梭，使住客得以無障礙地融入當地生活。對此林維源特別提醒：「旅館的存在必須與周邊社區達到共好的狀態，而除了經營與旅客之間的關係，與當地商家締結良好的互助循環也是十分重要的，無形中亦能成為口碑行銷的助力。」語末，林維源分享了對於漫步 Meander 的未來願景，要成功顛覆大眾對於青年旅館的定義，並非仰賴現有的館數便能達成，因此期望能在亞洲的不同地區皆能開設分館，經由數量與經驗的極大化，實現翻轉刻板印象的理想。

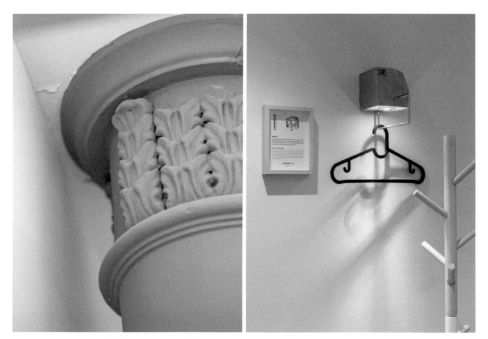

基於對文化元素的重視，故於改建期間，林維源多次堅持將原有的裝飾性設計予以保存，果真形塑出獨一無二，風格獨具的空間。

漫步 1948 保留建築外觀，由內部重新改建，打造成新舊元素融匯且展現人文氣息的青年旅館。

漫步 Meander

布局拓點計畫

2013	2019	2020
西門「Meander Taipei Hostel 台北漫步旅店」開幕	北車館 「Meander1948 漫步 1948」開幕	Meander Saigon 開幕 （越南胡志明市）

品牌經營

成立年份	2013 年
成立發源地	台灣台北
首間旅宿所在地	台北市萬華區
成立資本額	NT.1,700 萬元
年度營收	不提供
國內／海外家數占比	台灣 2 家、海外 1 家（預計 2020 年 Q4 開幕）
直營／加盟家數占比	直營 3 家
加盟條件／限制	無
加盟金額	無
加盟福利	無

店面營運

旅宿面積	200 坪
住宿價格	宿舍房一晚 NT.600 ～ 800 元、套房一晚 NT.2,000~3,000 元
每月住宿銷售額	NT.230 萬元
總投資	NT.4,000 萬元
店租成本	不提供
裝修成本	不提供
人事成本	NT.45 萬元
空間設計	不提供

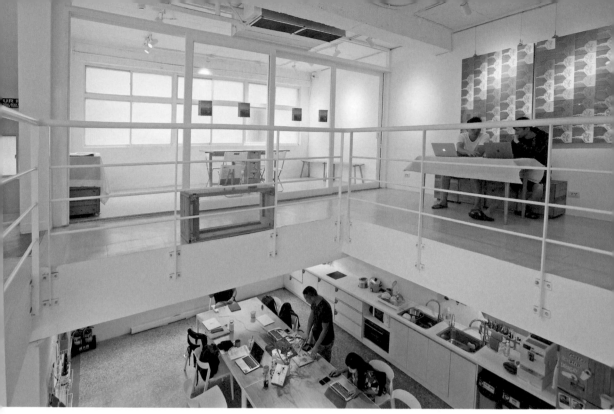

在夾腳拖的家－長安 122 裡，團隊與設計者們透過增加交流空間的方式，讓旅人之間能有更多的互動在這裡發生。

故事所 OwlStay × 夾腳拖的家 Flip Flop Hostel

為旅人打造一處與城市、人們交流的空間

嘗試融入深度的在地體驗，以了解當地的文化

文＿余佩樺　攝影＿Amily　資料暨圖片提供＿奧丁丁集團

「夾腳拖的家 Flip Flop Hostel」以老房子作為旅宿經營方向，
相繼推出青年旅舍、民宿等住宿形式，今年第二季正式加入奧丁
丁集團「故事所 OwlStay」，持續提供旅人多樣的旅宿選擇，
更嘗試在旅居的過程中融入深度的在地體驗，了解當地文化的同
時也讓旅行更具溫度與意義。

Brand Data　　2020 年第二季夾腳拖的家加入奧丁丁集團「故事所 OwlStay」，接下來也將秉持「打造一個空間，讓人與人之間能自在、直接、溫暖的交流，並體驗以土地為養分而滋生出的當地文化」作為發展核心，提供旅人更好、更深度的旅宿體驗。

（圖左）奧丁丁集團營運長李俊宏（Cipher）、（圖中）故事所行銷業務經理吳炳嶢（Dabin）、（圖右）故事所行銷營運經理劉國沛（Jasper）。

　　在投身旅宿業之前，故事所行銷營運經理劉國沛（Jasper）與故事所業務經理吳炳嶢（Dabin）與他們的好友藍凱祺（Kelvin）三人都熱愛旅遊，正因為曾揹著背包走遍世界各地，他們在旅行過程中發現到，旅行的意義除了走訪欣賞當地風景，深入當地的風土人情，認識不同的人、彼此分享，更是珍貴的事，因此萌生開設旅宿的想法，並於 2010 年展開了一連串的青年旅舍計畫。

　　由於彼此從未有過經營旅宿的經驗，於是他們先從小型的民宿開始做起，在新北市找到了間小公寓並改作為民宿，成為創業的起點也累積經驗。不錯的成果，讓他們動起了想開設青年旅館的念頭，Dabin 與 Jasper 共同談到，「當時合法的青年旅館（Hostel）不多，再加上我們也希望外國旅客來到台灣時，進住到旅居的環境時，不會只有待在自己的房間，而是能與更多其他旅人、在地的城市人進行交流，因此萌生經營 Hostel 的想法。」

以老房子為標的，藉其作為旅人了解城市的起點

因緣際會遇到了位於台北後車站、前身為鐵路局宿舍的老房子，便在 2013 年與知名藝術家安地羊一起用鮮豔的色彩讓舊屋重生，同時也展開他們第一個青年旅館計畫——夾腳拖的家－台北車站。而後又於 2016 年推出夾腳拖的家－長安 122，台北市長安西路上 1966 年的老房子，在經過重新翻修後說出了新的故事。

「與民宿稍稍不同的是，選擇青年旅舍的旅人，更重視交通便利性，當初會相中這兩處，正是因為它們所處位置交通便捷，通往各地也相對方便。」Dabin 說道。在挑選標的物時，鍾情老房子也別有原因，Jasper 解釋，「各個城市的發展、文化有所差異，進而造就出了許多因應當地、各具特色的建築，要認識一個城市，透過建築是最好的方式，因此才會以老房子作為建構 Hostel 的切入點，藉由它理解城市環境從過去到現在的發展脈絡。」

確定旅舍的定位後，接著則是設計的思考。Jasper 說，透過旅宿把來自世界各地且有相同喜好的旅人聚集在一塊，天南地北的聊著所見所聞，這才是 Hostel 有趣的地方。因此在計算過合理的房間數、床位數後，盡可能地將空間釋放出來，透過增加交流空間的方式，讓旅人之間能有更多的互動。

以長安 122 為例，這原先被各類商社所承租，為爭取最大使用效益，用戶利用各類素材在樓板間做了各式各樣的搭建，這樣的作法的確換來更多的使用空間，但卻也把建築美麗的線條給遮蔽。當時團隊討論後，決定將這些增建元素剔除，找回建築本該有的模樣與形態。可以看到，團隊不用過度的裝飾元素修飾空間，而是從原本建築軌跡循找脈絡，並透過最簡練的方式引入那個年代老建築原本缺少的光與風，讓新舊兩種理念交會重現出原本建物的生命力，不僅可看見過去的歷史痕跡、建築工法，亦能與周邊環境共生共存。「團隊一直不喜歡過分裝飾，希望呈現出人與建物互動的生活感，我們認為這才是環境中最美的風景，因此嘗試釋放出更多空間讓旅人使用，像是閱讀區、交誼廳、戶外陽台等，同時也打開建築立面，改以玻璃作為介質，當不同的旅客看到其他人正在進行的活動、事物時，引起他們想一同加入交流的渴望，也達到我們想創造這空間的真正用意。」Jasper 說道。

（上＋左下）這棟建築擁有美麗的線條與輪廓，但過去卻因增建關係給遮蔽了，重新整修時團隊試圖將增建時所用的輕鋼架、牆面等剔除，同時也盡可能地在建築中導入立面開窗、天井等，找回建築最適切的樣貌，也在水泥城市中能就近感受自然的美好。整修過程中舊有的建築元素也未將之丟棄，像鐵花窗就被重新再利用作為植物的展示架，讓舊有物件的生命得以延續。（右下）除了增設交誼區，還有閱讀區，供旅人了解在地文化。

為了激起旅人與城市、人們更多的連結，團隊們也會邀請國內外藝術家透過藝術創作的方式產生互動。

為了讓青年旅宿不只是旅人停泊地方，而是可以認識到新朋友、與城市交會的所在，團隊也透過不同的計畫，或是與不同單位共同策劃活動等方式，讓旅人能用不同方式體驗和探索城市，例如近期便與 Boven 雜誌圖書館合作，藉由他們選書計畫，讓旅客能從閱讀進一步認識台北。

獨特且深刻的旅遊體驗，讓旅行更有溫度

展開青年旅館計畫的同時，團隊也未曾放棄民宿經營。幾年前友人邀 Jasper 到九份遊玩，認識了在當地修復老屋的民宿經營者，雙方對於文化保存理念相符，所以當經營者決定休息，團隊便接手經營，進而推出夾腳拖的家－九份山居。接手後，除了盡可能地留下老屋文化，也不斷挖掘山中與對山城有興趣的特色職人、藝術家等故事，將其投放到空間中，同時串聯相關手作麵包、夜遊等活動，讓旅人能真正從更深度的在地體驗了解該地的文化。

夾腳拖的家－長安 122 裡仍有規劃背包客房型，但貼心的是，團隊為了讓旅人擁有舒適、不擁擠的休憩空間，選擇不在其中塞滿床鋪，而是盡可能地保留足夠的採光與提供寬闊的走道，讓旅人更感舒適；另外在個人臥鋪上也配有獨立衣物收納櫃、檯燈等，讓背包客旅遊在外也能倍感窩心。

今年，夾腳拖的家式加入奧丁丁集團「故事所 OwlStay」，奧丁丁集團營運長李俊宏（Cipher）談到，「一直以來集團在旅宿業致力發展奧丁丁區塊鏈旅宿管理系統（OwlNest）、奧丁丁體驗（OwlTing Experiences）、奧丁丁市集（OwlTing Market）等，為了能深入產業且提供更完善的服務，才有了這項計畫。他們的加入，共同催生出旅宿整合服務平台——故事所（OwlStay），並提出『山中夢遊』企劃，透過結合在地歷史文化，提供旅人深度的旅宿體驗，也讓更多當地文化與故事能被看見。」

　　Cipher 坦言，新型冠狀病毒肺炎（COVID-19）打亂整個旅遊產業，面對未來，在短時間內外國客無法全面解封入境來台的情況下，全力發展國旅市場將是之後的發展重心，原本的夾腳拖的家－台北車站、長安 122 將穩定經營外，另一方面，尋求更獨特且深刻的旅遊體驗已成為一種趨勢，因此，繼九份之後，接下來也將陸續在花蓮拓點，期待有更多的 OwlStay 與在地有志青年及藝術家們的共同創作，透過旅遊重新串起人、土地與自然之間的關係。

夾腳拖的家－九份山居是團隊經營旅宿的另一個路線，除了盡可能地留下老屋文化，另也將相關的體驗活動納入，讓旅人居住在此有不同的感受。

故事所 OwlStay × 夾腳拖的家 Flip Flop Hostel

布局拓點計畫

2013	**2016**	**2020** 第三季	**2020** 第四季
夾腳拖的家－台北車站成立	夾腳拖的家－長安122、九份山居成立	故事所 × 夾腳拖的家—九份 × 山中夢遊企劃登場	故事所－花東全新據點籌備中

品牌經營

成立年份	2010 年以工作室形式成立「夾腳拖的家」、2013 年成立夾腳拖的家股份有限公司、2020 年第二季「夾腳拖的家」加入奧丁丁集團「故事所 OwlStay」
成立發源地	台灣台北
首間旅宿所在地	台北市大同區
成立資本額	不提供
年度營收	不提供
國內／海外家數占比	台灣 3 家
直營／加盟家數占比	直營 3 家
加盟條件／限制	理念一致的夥伴
加盟金額	心誠可議，非誠勿擾
加盟福利	不提供

店面營運

旅宿面積	不提供
住宿價格	各式房型，一晚約 NT.600 ～ 6,000 元，針對不同族群旅人，提供認識土地的交流空間
每月住宿銷售額	不提供
總投資	不提供
店租成本	不提供
裝修成本	不提供
人事成本	不提供
空間設計	夾腳拖的家－長安 122 居夏設計王煦中、裸岩設計李約德、Luke Lu&Yunhee Jeong、蔡宗佑、夾腳拖的家團隊

Star Hostel Taipei Main Station 信星青年旅館以挑高開闊的交誼空間，讓旅人們感受老城區在地慢時光。

Star Hostel Taipei Main Station 信星青年旅館

忠於環境友善的在地人文青旅

秉持樂享精神款待四方旅者

文＿洪雅琪　攝影＿＿Amily　資料提供＿＿Star Hostel Taipei Main Station 信星青年旅館

鄰近台北車站的著名景點華陰街，除了擁有豐富的觀光資源，同時也是競爭激烈的旅宿戰場。面對龐大的地域商機，「**Star Hostel Taipei Main Station** 信星青年旅館」堅持發展獨有核心文化，致力打造全台最友善地球的青旅指標品牌。

Brand Data　Star Hostel 以自在、永續為設計目的，重新連結人與人、人與自然，永續生活的啟發之地。挑高開闊的交誼空間，大片玻璃窗讓天光灑落，木造屋中屋、室內綠植、頂樓花園，與自然共生，綠意與溫情在城市中心滋長蔓延，讓旅人感受老城區在地慢時光。

偌大的公共交誼空間中，設計師以木結構搭建木榻與和室，讓公共區域形成各種半隱密的小空間供旅人獨享，落實彼此交流卻保有適當距離的平衡。

　　旅宿形式眾多，其中青年旅館重視共享、交流的特色，時常是影響旅人入住的關鍵之一，「Star Hostel Taipei Main Station 信星青年旅館」（以下簡稱 Star Hostel）創辦人之一 Eric 曾赴歐洲外派，對比國內外的文化差異，當時台灣尚未普及的青旅概念，國外早已司空見慣，身受這種旅宿獨有、非制式的愜意風格吸引，讓他萌生回台創業的念頭，嘗試將他心中的美好旅宿扎根於此。

致力打造全台最友善環境的青旅品牌

　　在 2010 年到 2012 年之間，Eric 與 STAR 團隊先後於台北市創立了「（現）SHAREHOUSE 132」與「公寓十樓」兩間規模偏中小型的旅宿品牌，秉持最初定下的「環境友善」核心概念，兩者從空間設計到旅宿耗材，皆選用對地球生態最小破壞的材料為主，捨棄旅館常見的一次性塑膠製品。Eric 與團隊以綠色

企業的標準，致力打造另一種全新的青旅樣貌，也連帶影響 2014 年開張的 Star Hostel，成功集「自然、自在、永續」於一體，讓旅人入住沒有過多的空間視覺衝擊，反而將注意力放在人與人、人與環境之間的交流。

保持誠心待人，捨棄制式服務

位於競爭激烈的台北車站商圈要如何脫穎而出？品牌行銷企劃 Tatiana 表示，削價競爭從不在團隊的考量之中，與其以降低售價吸引顧客，團隊更重視以提升整體服務品質來吸引更多客群，故了解房客的真實感受、做到真正的口碑行銷相當重要。Tatiana 進一步舉例，團隊善用歡迎信與入住房客做初步招呼，退房時則蒐羅意見單，透過房客住宿時的感受或提問，從中發現問題並逐步調整經營模式；除了基本的建議反饋，Star Hostel 在新型冠狀病毒肺炎（COVID-19）疫情發生前，更會於公共交誼廳舉辦電玩之夜、料理課、手沖咖啡以及甜點小聚等等，又或是帶領旅客導覽在地市場、廟宇文化，透過各種動靜態活動拉近品牌與旅客間的距離。也因為重視入住房客的住房需求與舒適度大於其他事務，因此最初 Star Hostel 在沒有一味投入 FB 或 IG 等粉絲專頁的行銷經營下，卻能擁有居高不下的再訪客源，蔚為口碑行銷的成功青旅實例。

然而，面對今年新型冠狀病毒肺炎的衝擊，Star Hostel 原本占九成的國外客源盡受損失，這也讓團隊不得不轉往國民旅遊市場，Tatiana 表示，過往以英文為主的粉專也開始調整文案，讓台灣旅客能一目了然，營運團隊甚至提出「將 IG 追蹤人數換成旅行基金」的行銷策略，以互惠的方向為主，吸引真正有意入住 Star Hostel 的 KOL 些許誘因與補貼，避免網路行銷流於生硬的業配。

公共交誼廳特別設計成兩種使用環境，包含長桌區與榻榻米區，提供各種活動使用。

電梯門打開便是品牌特有的日式木屋意象，沿著櫃檯，一路延伸至公共交誼廳區。

從友善地球切入空間設計

在整體設計考量上，源於創辦人 Eric 崇尚自然的個性，Star Hostel 在規劃初期便以簡潔、素雅為空間設計原則，純粹善用木質調本身的天然美感並擺設大量植栽，公共區域也以大片落地窗引入自然光，一來讓人待得舒服，也捨棄過多裝飾性的鋪張浪費；另外團隊重視公共空間的交流品質，因此設計師以木結構搭建木榻與和室，讓公共區域不僅是單一排列著桌椅，更形成各種半隱密的小空間供旅人獨享，落實彼此交流卻保有適當距離的平衡。

從獨有的環保理念到待客之道，Star Hostel 在 2017 年、2018 年相繼獲得由國際知名旅宿網站 Hostelworld 舉辦的 Hoscar 世界大型青旅第一名獎項，這間外表看似單純的青旅品牌，正以不簡單的經營模式持續在市場發光發熱。

日式榻榻米公共休憩區，提供想獨處或小聚的旅客安靜的角落環境。

Star Hostel Taipei Main Station 信星青年旅館共有八種房型，包含私人套房與宿舍床位，滿足各種客群需求。

Star Hostel Taipei Main Station 信星青年旅館

布局拓點計畫

2010	2012	2014	2016	2019
SHAREHOUSE 132 開幕	公寓十樓 開幕	Star Hostel 信星青年旅館 開幕	合星青年旅館 開幕	誠星青年旅館 開幕

品牌經營

成立年份	2014 年
成立發源地	台灣台北
首間旅宿所在地	台北市大同區
成立資本額	不提供
年度營收	不提供
國內／海外家數占比	台灣 5 家
直營／加盟家數占比	直營 5 家
加盟條件／限制	認同品牌理念—「愛地球」
加盟金額	不提供
加盟福利	不提供

店面營運

旅宿面積	約 500 坪
住宿價格	一晚約 NT.600 ～ 2,000 元
每月住宿銷售額	不提供
總投資	不提供
店租成本	不提供
裝修成本	不提供
人事成本	不提供
空間設計	不提供

整體設計以「環保、貼心、有溫度」為核心，盡可能以最質樸的素材形塑空間，並搭配相關的二手老傢具，把懷舊氛圍塑造出來，同時不過度使用材料方式也加深環保理念。

北門窩泊旅 Beimen WOW Poshtel

導入輕奢華青旅概念，
活化老旅館也讓回憶延續

跟隨市場需求變化，不斷修正經營體質

文＿余佩樺　資料暨圖片提供＿北門窩泊旅Beimen WOW Poshtel

北門窩泊旅 **Beimen WOW Poshtel**（以下簡稱北門窩）前身是間擁有 **40 ～ 50** 年歷史的美台旅社，經合作團隊重新規劃後，導入輕奢華青旅概念，讓品牌價值更為提升，也再次活化老旅館並讓回憶延續。

Brand Data　不單只是一個住宿空間，更是集結背包客的交流空間。以「環保、貼心、有溫度」為理念，在設計規劃時導入這些理念外，另也會將當地特色與文化一併植入，讓每個窩都有屬於自己的味道，也能藉其體驗台灣特色之美。

北門窩泊旅 Beimen WOW Poshte 前身是擁有 40 ～ 50 年歷史的美台旅社，因緣際會認識房東後，便決定一起合作共同成立北門窩，重新活化這間老旅館。

　　為了讓更多人能共同投入旅宿業的經營，「WOW（窩）」品牌創辦人最初便希望以合作方式邀集不同領域的人才一同經營（如：設計、行銷、業務等），以 WOW（窩）作為核心，在台灣各地發展出不同系列的旅館（如：西門窩、洄瀾窩、北門窩等），以「窩」進行一場城市串聯也讓品牌的能見度更廣。

　　北門窩泊旅 Beimen WOW Poshtel 營運總監陳芃彣（Janet）表示，北門窩前身就是間擁有 40 ～ 50 年歷史的老旅館——美台旅社，現今的屋主將這棟物業購入後，曾以短租套房方式取代旅館經營，同時也邊等待都更機會，因緣際會認識後，他既認同窩系列旅館的理念也希望能活化這間旅社，便決定一起合作共同成立北門窩。

　　至於 Janet 本身原是業務出身，在投入北門窩之前，已先從洄瀾窩開始協助 Hostel 的業務，再到西門窩漸漸熟悉旅館經營的事務，直到 2016 年才一同與擁有設室內設計專業與行銷、業務人才等股東，參與負責北門窩的成立與經營。

以 Poshtel 作為定位，讓品牌價值更上一層

北門窩成立前，已有許多青年旅舍（Hostel）品牌存在於市場中，如何做出差異一直是團隊們深思的問題。Janet 提到，創立前團隊就發現到市場開始出現所謂的「Poshtel」（輕奢華青旅），這是由 Posh（奢華）與 Hostel（青年旅舍）共同結合，代表此旅店提供具設計感的旅居空間，同時也規劃許多旅人能互動、交流的環境。「所以那時就把北門窩定位在此，既提供具設計感的連帶浴室的套房及多人共用浴室宿舍，同時也在環境中規劃偌大的交誼空間，讓旅人可在此分享交流。」

透過設計可加乘品牌的定位與價值，但走向經營仍需面對實際市場。Janet 解釋，當初會同步規劃套房與宿舍房型，是為了不要把雞蛋放在同一個籃子裡，提供不同房型可因應旅遊的淡旺季市場，像是宿舍型可以滿足像歐美旅客喜好交通便捷、平價床位的需求，獨立套房型除了經營國內、亞洲旅客，另也能夠兼顧經營長住型旅客。

加入穆斯林友善設施，明顯創造出市場差異化

除此之外，幾年前剛好政府積極推動南向政策及穆斯林友善旅館，畢業於政治大學阿拉伯語文學系的 Janet，在北門窩成立時便相中這塊市場商機，因此她就向股東建議可在設計中導入一些穆斯林友善的設施，例如廁所的洗淨設備、房間貼有麥加的禮拜方向……等，一來清楚做出市場區隔，二來也能將客群經營的觸角延伸更廣。

「想取得穆斯林友善認證得經過層層的關卡，或許這條認證路還很漫長，但是在這之前，若能夠在他們所居住的環境中，放入一些相對友善的設計、設施，我想穆斯林身處異地也能感到窩心。」另外，伊斯蘭教義的嚴謹也反映在飲食文化上，Janet 與同仁也不忘提供穆斯林在台適合他們的飲食資訊，「大部分穆斯林去非穆斯林國家前，多半都有心理準備未必能得到友善的應援，但是當他們入住到這，我們不只將所知的反映在設計上，甚至還提供他們一些友善資訊，反而因為這份『多提供一點幫助』的關係，彼此的交流又更多。」

在地下樓層提供偌大的交誼廳，讓來自不同國家的旅人能在這進行交流、互動。

化危機為轉機，用韌性度過疫情的重重考驗

正因北門窩清楚自己的定位，除了經營國內旅客，另也開闢不同國外旅客客源，自開業以來，每年業績皆逐步成長。不過，今年因新型冠狀病毒肺炎（COVID-19）來的又快又急，北門窩亦受這波疫情影響不小。

Janet 指出，現金流對經營一間旅遊業者來說相當重要，疫情爆發後，相繼禁止外國客入境，國內客亦不敢出門旅行，顧客不上門自然就沒有現金收入，如何運用手上現有資源、資金撐過非常時期，對經營者來說是一大考驗。當時沒有想過短暫歇業？Janet 說，「一旦關門，就很容易被市場遺忘了……」

問及如何調整腳步？Janet 說，過去就對成本掌控的很嚴謹，像是旅客需要的毛巾、瓶裝水等，都不會大量囤貨，現在這種非常時期，當備品逼近最小庫存量時，才會盡快訂購補貨，好讓每一分金錢的支出能更花在刀口上。再者是人員排班的調整，將三班制改為兩班制，工作時數不變下，同時也能兼顧夜櫃，以照顧旅人的一切安危與需求。

地下室另設有開放式廚房，除了作為旅店提供簡易早餐服務的使用區外，也作為長租旅人可簡易料理餐食的地方。

在北門窩泊旅 Beimen WOW Poshtel 裡，提供不同床位數且共用浴室的宿舍房型，滿足市場喜愛帶有點設計感、乾淨舒適，且平價的住宿需求。

此外，Janet 也做了將旅店空間釋放出來的決定，她解釋，「疫情最初階段，本地人出不了國、已入境的外國客亦回不去，於是我們就舉辦品嚐異國料理的活動，邀請這些外國人來教我們做異國食物或點心，本國人跟著他們學習製作，在無法出國的情況下，就能品嚐到這些異國食物。」除此之外，阿語系出身的她，自 2019 年起就陸續舉辦中東系列主題講座，為了活用空間，在今年同樣延續舉行，從文化、旅行、飲食、國際趨勢等各種觀點帶人們體驗中東之美。Janet 坦言，所做的這些未能替旅館經營帶來豐富的營收，但卻是讓大家知道北門窩仍很用心地經營，也希望透過分享把最初經營這間店的初衷延續下去。

　　對於疫情帶來的轉變，Janet 認為，疫情衝擊並非全然只有負面影響，在這段時間她也重新檢視過去的管理體質，像是藉此機會導入 Cloudbeds 系統，不僅成功整合訂房、房數庫存，就連網頁也能一併維護管理，著實替團隊省下了不少費用。

旅店內另規劃有獨立房型，偌大的床鋪區外，另配有小書桌以及獨立衛浴，讓比較偏重個人隱私的旅人，有個不受干擾的休憩場域。

北門窩泊旅 Beimen WOW Poshtel

布局拓點計畫

 2016 ➤

北門窩泊旅成立

品牌經營	
成立年份	2016 年
成立發源地	台灣台北
首間旅宿所在地	台北市大同區
成立資本額	約 NT.1,800 萬元
年度營收	約 NT.1,000 萬元
國內／海外家數占比	台灣 1 家
直營／加盟家數占比	直營 1 家
加盟條件／限制	無
加盟金額	無
加盟福利	無

店面營運	
旅宿面積	500 坪
住宿價格	雙人套房 NT.1,890 ～ 2,250 元、宿舍床位 NT.540 ～ 600 元
每月住宿銷售額	約 NT.100 萬元
總投資	NT.2,200 萬元
店租成本	NT.16 萬 4 千元（含 4 個月押金）
裝修成本	設計裝修 NT.1,800 萬元、傢具設備費用 NT.400 萬元
人事成本	約 NT.25 萬元
空間設計	普羅室內設計有限公司

途中‧台東1樓的共享空間，利用輕工業風的規劃方式，快速創造氛圍，提供旅客們舒適的環境。

途中國際青年旅舍

網路募資尋找夥伴逐步開拓分店

用在地社區、觀光資源創造自助旅行體驗

文__Patricia 資料暨圖片提供__途中國際青年旅舍

網路稱號西卡大叔的郭懿昌，因為喜歡自助旅行的美好回憶，幾年前決定創立青年旅館，最特別的是，他深知一人力量有限，遂以網路募資的方式成立第一間「途中‧台北國際青年旅舍」，同時將戰線拉往二級戰區，如花蓮、台東、玉里，期望藉由社區文化資源的深入扎根，帶領旅客感受不一樣的旅行體驗。

Brand Data　2012 年創辦人郭懿昌使用網路募資方式募得資金，成立途中國際青年旅舍，相隔一年再度籌備途中・九份，隨後陸續規劃途中・花蓮、台東、玉里等，目前台灣總計 5 間途中國際青年旅舍，2019 年底走出海外，開設途中・京都，但受疫情影響，已於 2021 年歇業。

途中・台北為第一間創始店，初期因資金有限，客房採用木工釘製形式打造上下舖床架，再搭配簡單的簾子給予適當的隱私。

　　青年旅舍（Hostel）在歐美早已行之有年，隨著愈來愈多背包客來台旅遊，台灣開始有一群人投入青年旅舍創業，不過當年能拿到旅館執照的 Hostel 並不多，而途中・台北便是其中一家。回想起創業經歷，在網路上以「西卡大叔」走跳的創辦人郭懿昌苦笑說，一開始毫無經驗也不懂相關法規，才知道原來要開一間小規模青年旅舍比想像的困難，靠著自己摸索鑽研執照問題，甚至買雷射測量儀學會丈量物件評估可行性，支撐郭懿昌這股信念的動力，就在於他過去打工度假的自助旅行經驗，旅行中人與人相遇的青年旅舍回憶，至今仍讓他念念不忘，也因而在當時埋下種子，期望能開一間以人為核心，也作為旅客們和社區在地連結的特色青年旅館。

網路募資找到志同道合的夥伴

　　把時間拉回到 2011 年，郭懿昌結束五個多月外蒙古的旅行，想在自己熟悉的台北做青年旅舍，但如果要合法營業必須走旅館執照，他在兩年內看了 300 多間房子，困難點在於得符合種種規範設限：商業區土地、門前巷道

至少要 8 公尺寬、樓梯一階須小於 20 公分高度、深度還要大於 22 公分……
等，不論規模大小幾乎跟飯店完全一樣，回歸到成本難度更高了。於是郭懿昌先成立臉書專頁，透過網路擴散讓大家知道他想做青旅這件事，同時只要每看一個物件，他就貼文放上配置圖，半年時間過去，開始慢慢有人回應給他意見，甚至一起相約去現場看物件。籌備中間更在網路上發起推動修法、舉辦公聽會，漸漸地大家認同西卡大叔的理念，隨後因緣際會找到北投的獨棟老屋，經過建築師評估認為可行性高，郭懿昌便邀約網友們在咖啡店討論，最終以群眾募資的方式，集資到 13 位志同道合的夥伴，促成途中・台北的成立。

雲端管理不同分店，盈餘公開透明

難道不擔心太多股東意見分歧嗎？郭懿昌說，青旅最重要的是人與人之間的連結，夥伴們來自不同領域、擁有不同資源，共同參與反而能有機會複製和拓展，也因此當時他們就利用線上遠端討論與決策，任何股東都可以依照權限，了解每間途中賣了多少床位、賺了多少錢，包括當初途中・台北成立的隔一年就接觸到九份物件，也是經過股東們投票決議是否該接手。不過從九份之後，每一間途中的股東皆為獨立運作，像是途中・台東主要負責營運的夫妻檔，原本就在都蘭經營小型青年旅舍，希望能拓展規模而與郭懿昌合作，雙方共同尋找物件。「每間途中都有主要主導營運的股東，我們之間的關係也比較算是平行組織，每間途中主導者可以擁有相對獨立的決策，能針對區域的市場變化做彈性調整，而我就是召集人的角色。」郭懿昌解釋道。

在地觀光與社區連結，提供豐富旅行體驗

回到旅宿、旅行與人的連結這件事，郭懿昌說，途中想做的是有如老店般的經營，夥伴們將旅客視為朋友提供好的服務，像是九份夥伴因為個性

活潑外向，還會邀約旅客一起去玩，透過長時間正向口碑發酵，使得途中在OTA 線上訂房平台一直得到極佳的評價，且主要旅客訂房反倒是以官網、電話方式訂房為主。有趣的是，每間途中放置的零食餅乾或備品也採用誠實商店形式，放置小豬公撲滿讓旅客們自行付款，為的也是降低雙方買賣關係。

　　在地觀光資源的整合連結，也是途中持續努力的一部分。以途中・台北為例，過去曾拿到經濟部服務業創新研發補助，共同推廣北投在地觀光與社區組織，包括像是茶道手作、藍染、木工體驗課程等等，提供不同的旅行體驗，讓旅客與在地人事物產生連結，這才是途中想要走的方向。也因而途中在於拓點的策略上，即捨棄所謂的一級戰區，反而是往東部開發，前陣子甚至還勘查了大武區域，「不過一方面也必須找到想要在當地生根、有足夠熱忱的合作夥伴才行。」郭懿昌說。

途中・九份前身同樣也是旅宿，不過是 3 棟獨立的建築物，郭懿昌選擇將其中一房打掉規劃為共享空間，再設置樓梯可串聯到其他兩棟。

（上）途中・花蓮的共享空間簡潔又乾淨。（下）為了降低旅客與途中之間的買賣關係，零食餅乾採用誠實商店概念，自行將費用投入途中準備的撲滿內即可。

（上）途中‧花蓮四人房型，綠色塗料牆面配上淺色的木頭床架，格外清爽溫馨，床鋪旁邊還有架高小平台讓旅客們閱讀或使用電腦。
（下）途中‧花蓮六人房型留有寬敞走道，讓旅客保有各自空間。

各店相互串聯推廣、嘗試場地租借度過疫情

　　在這波疫情的影響下，途中最實際的做法是選擇節約開銷，幾間分店都獲得房東體諒、租金折扣，縮減工作夥伴值班時間，也嘗試做場地租借服務，雖然效益不大，但郭懿昌認為只要有對的產品與服務，不排除多次實驗，即便無法產生多好的營收，對於途中與在地關係的連結卻是有正向助益。而衝擊最大、2019年底剛成立的途中・京都，則不敵疫情影響，已於2021年歇業。

　　除此之外，包含同業間的青旅合作，以及近期推行的「途中半島護照」，只要新台幣一千元即可任選三個途中住宿，也試著藉由途中內部的推廣串聯，達到相互加乘的效益，看待疫情，即便途中經營的多半以在地旅客為主，不過現階段還是保守營運，每間店致力做好橫向扎根的連結，找到更多誘因吸引旅客。

途中・台北過去曾舉辦活動串聯旅客之間的互動，把旅客們當成朋友般的接待方式，長久經營下來獲得正向回饋與發酵。

途中國際青年旅舍

布局拓點計畫

2012
籌備
途中・台北

2013
拿到執照
開業

2014
途中・九份
開業

2016
成立途中・
花蓮、台東

2020
成立
途中・玉里

品牌經營

成立年份	2013 年
成立發源地	台灣台北
首間旅宿所在地	台北市北投區
成立資本額	約 NT.800 萬元
年度營收	NT.500 萬元
國內／海外家數占比	台灣 5 家、海外 1 家
直營／加盟家數占比	聯盟 6 家
加盟條件／限制	無
加盟金額	無
加盟福利	無

店面營運

旅宿面積	130 坪（途中・台北）
住宿價格	一晚約 NT.600 元
每月住宿銷售額	NT.40 ～ 50 萬元
總投資	不提供
店租成本	約 NT.10 ～ 15 萬元
裝修成本	NT.500 ～ 600 萬元
人事成本	NT.15 ～ 20 萬元
空間設計	不提供

位於 12 樓的大廳是路得行旅的服務中心，除有 Check-in 櫃台之外，也有開放式共享廚房供旅人使用，
精選台中職人陶鍋手炒的十三咖啡分享在地特色。

路得行旅國際青年旅館

從旅人行為出發思考的青旅設計

學習尊重、環保永續、分享在地的美好

文__Virginia　資料暨圖片提供__路得行旅國際青年旅館

更新後的台中火車站前，是台中青旅的一級戰場，位於白色外觀
大樓的「路得行旅國際青年旅館」，坐擁 8 ～ 12 樓的大片落地窗，
能將台中新舊風華納入眼底；內部空間用「光線」做設計，順著
窗景採光安排格局動線，讓每個轉角都有驚喜，以院子為概念，
廊道穿越休憩的寢臥區，有如小客廳的舒適沙發讓人走出房間，
做最日常不過的事，卻是生活中最難得的時光。

Brand Data

Norden Ruder 路得行旅，旅行的路。在德文中，意為北方的舵，亦像北極星一樣，為旅人在各自的旅途中指引方向。路途中，會有付出，願意分享、獲得的難能情誼，都將成為生命中的美好星光。目前有台東館與台中館，2021 年初預定花蓮館開幕。

台中站前館坐落於台中火車站對面大樓 8～12 樓，聯外交通便利，頂樓天台夏季開放，有投影視聽設備，是晚間 10 點公共空間熄燈後消磨夜晚的好去處。

一個月要接待 2,000～3,000 名不同性別、年齡層、族群的旅人，一家旅店該如何讓人用合理的價格體驗一座城市、一段旅程、一晚住宿的美好。不論是窮遊或富旅都能享受有品質的住宿體驗，在旅程中能與自己獨處對話，也能結交朋友盡情探索，是路得行旅設立的初衷，不論是台東館或是 2019 年成立的台中站前館，都以公共、開放、尊重迎接五湖四海來訪的旅人。

共享精神從空間規劃開始落實

台中站前館規劃之時，台中車站的更新工程還在進行中，路得行旅行銷協理林舒涵提到台中館成立的契機，是所在大樓的所有者看準台中車站更新後的發展，將大樓重新拉皮，覺得地理環境很適合作為青年旅館，便主動遞出橄欖枝詢問在台東經營三年有成的路得行旅，在台中設點的可能性，從窗戶就能看到台中車站的地理位置，讓經營團隊決定開始這個計畫。

希望現代人能放下 3C 產品，把時間留給自己和身邊的人，因此路得行旅從經營理念、空間規劃到待客之道，都秉持在互相尊重的前提下多元開放且彼此分享的精神。將服務櫃檯設置於 12 樓頂樓，每位踏入旅店的人都能眺望車站人潮聚散與遠山晨昏景色，在令人放鬆的情境中隨著 Check-in 過程安定旅人的心，12 樓同時也設置了開放式中島，讓旅人可以簡單料理，大片落地窗旁安排了舒適的桌椅，分享食物與旅遊見聞。有別於傳統飯店設計總將景觀留給豪華客房的獨享思維，台中站前館建築本身有大面積開窗、坐擁正對台中火車站廣場景致優勢，創辦人張嘉峰提出室內庭院的概念，不以二分法布局公私領域，而是將客房分區聚集於平面的中心，沿著對外窗戶設計廊道並穿過住宿區，並在這些由房間圍塑出的「小庭院」放置無印良品的沙發、懶骨頭、桌几椅等，不論是獨自前來或與親友共住，都能在這些看似開放又得一方寧靜的角落度過悠閒時光。

窮旅富遊都滿足，從行為切入的設計細節

青年旅館很重要的核心價值就是，釋出資源讓正準備探索世界的青年學習尊重與共享，因此沒住過青旅的人總會有不安和疑慮，擔心隱私、擔心不便，擔心因價格犧牲了品質。路得行旅在空間的安排上，並不全部將資源放在公共區域，不論是背包房或一般房型，都仔細理解旅人的各種需求與行為進行設計規劃，像是兩人背包房，考慮到洗漱的便利性、獨自旅行或即使好友同遊也想保有一方屬於自己的空間，將共用衛浴安排在房間中央，房門打開是個類似小玄關的角落，前方是乾濕分離衛浴，左右各是一張單人臥鋪，讓人不會有睡在路邊隱私不足的感受，而精巧的寢臥區利用牆面的小掛勾與層板提供收納。從營運之初給自己打 60 分開始逐步優化調整，像是房務員在清潔客房時會從房間的狀態去反推房客未被滿足的需求，提出反饋調整，每個月一次會議，更是旅店上下夥伴集思廣益、互相學習的重要場合。

雖然位於商辦大樓中，路得行旅每層樓梯廳都重新
改造為統一的室內風格，讓旅人備感安心。入內換
鞋給人回到家轉換心情之感，簡明圖示與中英文說
明，無須專人解說就能理解共享空間的規則。

（上）秉持共享精神設計旅店空間，公共區域的窗景就能俯瞰台中新站日夜不同的市景，藉由寬敞的廊道區隔又連結客房區域，並擺設沙發、懶骨頭等傢具，有如房間外的小客廳。（下）由於大樓天花板高度受限，故僅做局部天花板修飾，並利用廊道兩側的木地板營造由寬變窄的視覺延伸感，讓無對外窗的區域不顯侷促，陳列木質桌椅立燈更成為一個溫馨角落。

鼓勵年輕世代提出想法，員工與旅人共創共享

　　旅宿服務業的高流動性一直是經營的課題，路得行旅兩館共 30 多位員工，團隊中只有 2 人有旅宿的經驗，其他都是沒有相關經驗的年輕人，品牌的核心精神也落實到旅宿的經營治理，以自律為前提，提供自主性高的工作環境，林舒涵提到現在的年輕人都很有想法，放手給他們去做，經常有意想不到的結果，在地連結與策展是路得行旅的特色，利用公共空間與客房策展的 room room 市集，在 3、6、9、12 月的週末，將精華時段讓出辦活動，由第一線工作人員策劃執行，第一次辦的成果不如預期，但從中檢討改進，經過半年又再次舉辦，一次比一次成功，就像唐三藏取經，意不在「經」而是過程，讓年輕人學習做選擇，為自己的選擇負責，能承擔，錯中學。

除了背包房之外也規劃有三人房和四人房，讓團體出遊有更多住宿選項。房間內沒有電視，是希望在旅程中和旅伴有更多互動交流，或是體驗台中各式各樣的美好。

兩人背包房共享一套乾濕分離衛浴，將衛浴設置中間，兩邊的單人床房能獨享一方僻靜的獨立空間，打破對於背包房缺乏隱私、洗漱較不方便的印象。

路得行旅國際青年旅館

布局拓點計畫

2017 ─── 2019 ─── 2021 ──▷

台東館開幕　　　　　台中站前館開幕　　　　　預定花蓮館開幕

品牌經營	
成立年份	2017 年台東館；2019 年台中館
成立發源地	台灣台東
首間旅宿所在地	台東縣台東市
成立資本額	不提供
年度營收	不提供
國內／海外家數占比	台灣 2 家
直營／加盟家數占比	直營 2 家
加盟條件／限制	暫無計畫
加盟金額	暫無計畫
加盟福利	暫無計畫

店面營運	
旅宿面積	兩館空間面積約 500 ～ 550 坪
住宿價格	台東館一晚約 NT.1,100 元；台中館一晚約 NT.1,400 元
每月住宿銷售額	台東館約 NT.150 ～ 160 萬元
總投資	不提供
店租成本	不提供
裝修成本	不提供
人事成本	約 NT.35 萬元
空間設計	台東館設計師黃志東；台中站前館設計師高德城

二八樹巷旅宿面對公園綠地，促使創辦人林柏元反思設計應回歸簡單純粹，白色外觀與綠意相融並存，彼此相互襯托。

二八樹巷旅宿

享受置身日光綠意的自然慵懶步調

以細膩服務創造高回流客

文__Patricia　資料暨圖片提供__二八樹巷旅宿

距離逢甲商圈步行約十五分鐘的路程，隱藏在巷弄內的「二八樹巷旅宿」，成立短短不到三年的時間，卻已在台中旅宿業打開知名度，除了訴求融入周遭公園的自然元素，一步一房皆能置身日光綠意中，更以細膩入微的貼心服務、環保設備等細節，獲得旅客們認同，擁有不少死忠的回流客。

Brand Data　　以打造民宿的親切及旅館的細膩，重新定義旅宿且創造二八樹巷品牌，認為旅行是為了獲得身心靈的洗滌與紓壓，因此特別融入周遭公園景觀的優勢，一步一景一房皆能充分感受到與自然共處的美好氛圍，享受離塵不離城的城市祕境。

訴求陽光空氣綠意的二八樹巷旅宿，幾乎每間房型都擁有獨立陽台、大片落地窗可眺望綠地，給予旅人們放鬆愜意的度假步調。

　　隱身巷弄間的二八樹巷旅宿，擁有得天獨厚面對公園綠地的優勢，乾淨的純白色調襯托陽光綠意顯得極為舒服悠閒，創辦人林柏元期望提供回歸自然舒適的環境，讓旅人們來到二八樹巷旅宿能暫時忘卻煩惱，獲得真正的放鬆與慵懶步調。

陽光空氣綠意，給旅人放鬆無壓的自在氛圍

　　其實林柏元的本業是室內設計師，原本買下這塊地想經營套房，衡量周遭套房出租市場已達飽和，加上過去因為工作關係經常體驗各地飯店、旅宿，因而決定挑戰自我投入旅宿領域。林柏元笑稱當初以為逢甲商圈旅宿還有可發展的機會，殊不知 12 期重劃區早已有一群人買地打算蓋旅館，這樣的危機也讓他更認真思考，「這間旅館應該怎麼做，才能跳脫一般旅店大同小異

的設計與服務模式？」他以身為消費者、旅人的角度靜下心來重新構思，既然二八樹巷旅宿享有自然環境的先天條件，那麼根本無需多餘造型、奢華材質，陽光、綠意、空氣就是最佳的設計重點。

於是，外觀設計上化繁為簡，選用白色防水隔熱塗料刷飾，可突顯建築體特色又能與樹景彼此融合，更吸引人的是，幾乎每間房型都有獨立陽台、一棵樹、大片落地窗景，綠意盎然的氛圍讓人貼近自然，心境上獲得紓壓，天氣好時還能推開窗感受新鮮空氣的舒適。對應到不論是客房或是其餘空間，林柏元也不計成本，堅持使用原木材質，包括如香柏地板、訂製檜木床頭邊几，再加上鋪設藺草榻榻米，旅客們身體所接觸到的都是最天然的建材。走進房內，空氣中散發出淡淡的清香氣息，結合柔和的陽光洗禮之下，不只是旅人們放鬆心靈，就連綠繡眼也紛紛跑來陽台築巢。

現做早餐直送房間，細膩服務抓住旅客的心

不止追求設計細節，林柏元在於服務更是細膩貼心，譬如說櫃檯與交誼廳刻意創造高度落差，是為了避免服務人員與客人不自在的眼神交會，也讓旅客使用交誼廳時更能自在無拘束，不過，當旅客有需要時又得適時出現，這個部分林柏元教育服務人員多觀察、注意周遭，例如發現旅客拿了咖啡杯，照理說應該會有使用咖啡機的聲音，假如遲遲沒有聲響就應該趕快出現、詢問是否需要協助。除此之外，交誼廳也設有 24 小時 mini bar，提供餅乾、泡麵與各式茶飲、可樂、咖啡，以及益智積木、兒童遊戲車等玩具，甚至還有大人專屬益智遊戲，櫃檯入口處也有可外借的野餐墊、羽毛球拍等遊樂用具，走出旅宿就能在公園野餐或是讓孩子盡情嬉戲玩耍。

更令人意想不到的是，來到二八樹巷旅宿，無需趕在早餐時段到餐廳，而是由廚房現做直送房間，有如五星飯店般的 Room service 服務，當旅客們 Check-in 時可選擇時段、早餐選項，「其實這樣的服務算是無心插柳，一開始我們還沒想好早餐的定位，因此先和附近早餐店合作，以盒裝概念送到每

櫃檯高於交誼廳的落差設計，既可卸下旅客們拘束感，服務人員也能隨時聽聲或觀察旅客們的需求。交誼廳內同樣以真實樹景佈置，搭配鮮豔傢具，既活潑又能與自然環境相互呼應。

間客房，沒想到大受好評，我們也決定從善如流，不一樣的是將餐點拉回自家廚房現做，為的是讓客人吃到熱騰騰的食物，」林柏元笑著說。

講究環保再利用，獨立空調免於疫情病菌疑慮

　　設計與服務之外，二八樹巷旅宿對於設備規劃更是格外用心，結合節能、省水等環保概念也獲得台中市府觀旅局的低碳旅館認證。例如走道、每間客房皆為獨立式空調，省電之外，對於這波疫情而言也能給予旅客安心的住宿環境；每間房也採獨立水壓，加上熱水器加裝迴水系統，即便遇上沐浴高峰時間，旅客們也都能享受到穩定舒適的熱水，另外選用小麥桔梗製造的環保牙刷、以綠色精神生產的「O'right 歐萊德」洗潤髮乳與沐浴乳等環保備

品，同時也為了這些可重複利用的備品訂製專屬袋子，讓旅客們可以帶回家持續使用，隨時想起二八樹巷旅宿的美好體驗。

也由於設計定位、服務的區隔差異，讓二八樹巷旅宿成立不到 3 年已獲得穩定住房率、高比例回流客，今年雖受疫情影響導致 3～4 月下滑近 5 成業績，然而藉由房價 8 折優惠活動、挺醫護專案的推出，再加上主打獨立式空調，隨著台灣疫情受到控制、安心旅遊補助等情況下，6 月開始在地旅遊回溫也讓住房率提升。對於從設計跨到旅宿領域，經營上林柏元認為，低房價不是他想做的路線，把服務水準做好，傾聽消費者意見並調整改善，訂房率只要維持在 7～8 成就夠了，這樣不論房務、細節才能照顧到旅客需求，讓他們每一次的到訪都留下好印象，才是二八樹巷旅宿所在意的。

林柏元特別將洗手檯外移設計，加上衛浴皆有良好的開窗通風，給予舒爽的使用體驗。

（上）豪華房型配有獨立浴缸，簡潔洗鍊的設計，以大理石材質襯托其質感。（下）採用大量垂枝香柏實木打造和室區域地板，加上手工的藺草榻榻米，是二八樹巷旅宿最經典的房型，床鋪還能分開變兩張單人床或變成四人大通鋪。

將二八樹巷旅宿原本一旁的畸零地一併購入規劃為餐廳，目前為福芳號進駐提供甜點輕食飲品。

二八樹巷旅宿

布局拓點計畫

2014	2015	2016~2017	2018
買地	規劃	興建	開幕

品牌經營

成立年份	2018 年
成立發源地	台灣台中
首間旅宿所在地	台中市西屯區
成立資本額	NT.200 萬元
年度營收	約 NT.1,700 萬元
國內／海外家數占比	台灣 1 家
直營／加盟家數占比	直營 1 家
加盟條件／限制	無
加盟金額	無
加盟福利	無

店面營運

旅宿面積	353 坪
住宿價格	一晚約 NT.2,380 ～ 5,200 元
每月住宿銷售額	約 NT.200 萬元
總投資	NT.1 億 8 千萬元
店租成本	NT.40 萬元
裝修成本	NT.3,500 萬元
人事成本	NT.40 萬元
空間設計	浩森室內裝修有限公司

緣民宿 Enishi Resort Villa 是集結日本、台灣建築團隊打造的 ADA 新銳建築獎首獎得獎大作，民宿主人劉姐希望藉由大師級建築，
為故鄉澎湖吸引更多觀光資源。

緣民宿 Enishi Resort Villa

日本建築大師量身打造

用在地角度深度體驗澎湖四季慢活

文__Joy　攝影_原間影像工作室朱逸文　資料暨圖片提供__Enishi Resort Villa 緣民宿

集結日本、台灣建築團隊多方協力打造的 **ADA** 新銳建築獎首獎
得獎大作──緣民宿 **Enishi Resort Villa**，自土地、材質、建築
概念開始、一點一滴揉合民宿主人劉淑芬（以下簡稱劉姐）的家
族傳承與澎湖在地風貌，打破傳統大開窗觀景民宿呆板思維，在
這兒從大師建築看不一樣的春夏秋冬、日出日落，引領旅客享受
深度慢活、聆賞澎湖四季之美。

Brand Data

這是一棟澎湖民宿與建築的藝術品，我們
呈獻給想把旅行住宿融入人文記憶的你，
每個空間都有陽光與空氣及建築線條的巧
思。

室內看不見樑柱存在，以 20 ～ 40 公分厚度牆面精
算、支撐整個建築的載重。建築剖面可見日式錯層
設計，其凹凸線條畫面來自腦波設計概念。

　　緣民宿 Enishi Resort Villa（以下簡稱緣民宿）灰色身影低調佇立民宅群
中，是一幢透露出日式侘寂氛圍的清水模建築，由日本建築師前田紀貞領銜
台日精英建築團隊花了六年時間建構而成，於落成 2018 年同年便獲得 ADA
新銳建築獎首獎，成為現今台灣建築系學子朝聖之地。

　　「蓋一棟澎湖土生土長、用真實風貌吸引人的在地建築，是我一直以來
的信念與目標，能獲建築獎項肯定是意外之喜，希望能讓更多人來住宿、親
身體會世界級建築之美。」民宿主人劉姐如是說。

從故鄉族土滋養出最美的「緣」

　　民宿座落在離澎湖門戶——馬公機場最近的湖西鄉，機場接送僅需 1 分
鐘，步行可達熱門打卡景點隘門沙灘、林投公園，但選擇落腳此地卻不是因
為這些精打細算的商業思維，而是這土地從三百年前就屬於劉家宗族，劉姐
的阿祖還在這裡種植過花生，「只要有財力，在四面環海的澎湖找臨海土地

建築正中央開了道天窗，搭配平面、立面動線居中，隨著太陽東升西落，充分提供室內採光，滿足民宿主人白天不開燈的環保訴求。

很簡單，而要找到血脈相連、有感情有故事的根卻不容易。」她感嘆地說。

「你家民宿蓋這麼多年、都開幕了，什麼時候才要貼磁磚？」劉姐笑著表示這是她媽媽在社區走動時最常被左鄰右舍詢問的一句話，可以感受到鄰里間純樸的關懷與好奇。

緣民宿鶴立雞群的清水模面貌，來自於劉姐年輕時在日本學習皮雕技藝、學成後每幾年會回去探訪恩師，因緣際會下走訪過瀨戶內海的直島，被安藤忠雄大師建築作品所震撼，也對清水模留下不可磨滅的深刻印象。「自己家鄉就是離島，對日本人會在渺無人煙的高齡化小島建美術館、五星級飯店覺得不可思議！」因此，這個 16 歲就離開家鄉到本島打拚的澎湖孩子，下定決心在自己能力範圍內，於澎湖蓋一棟清水模民宿。

特殊的清水模建築猶如一塊石頭低調佇立於湖西鄉民宅中，完全沒有對外窗的設計手法，暗藏抵禦東北季風侵襲的貼心在地思維。

　　而與前田紀貞建築師的緣分起始於劉姐的一封信，決定要返鄉蓋民宿之後，她在網路眾多作品中愛上這位建築大師風格，親自寫信給工作室、闡述自己對家鄉、建築的想法與期盼，獲得日方首肯後隨即展開了這場台日建築界合作長征。

破除冬季旅宿困境，建築本身就是景點

　　合作初期，劉姐提出請建築師四季都來一趟澎湖的要求，因為她深知澎湖是個熱情與冷漠個性鮮明的海島，夏日遊客如織、民宿爆滿，大家一窩蜂盡情享受白沙、海浪，到了十月東北季風呼嘯來襲、海上活動嘎然而止，旅

（上）從入口櫃檯區步入民宿，便是居中的動線與公共區域，中間一道天窗貫穿全室，點綴栽於此處、枝枒延伸至三樓的室內綠色樹植，讓這兒猶如舊時建築的天井一般明亮舒適，完全破除無開窗＝陰暗的刻板印象。（下）緣民宿走環保路線，除了白天不開燈外，也避免多餘軟裝導致定期汰換的廢棄物產生，盡可能呈現建築之美，基本上是硬體一落成、整體完成度便高達 90％ 的建築。

宿業門可羅雀、準備咬牙過冬。為了突破這種賺半年休半年的經營模式，她想讓建築本身能與氣候的特殊性和諧共存。

「清水模打造、白日不開燈、要是一年四季都能吸引人的建築！」這是劉姐開門見山提出的主要訴求，徹底卸除傳統澎湖民宿的白色外觀、大開窗、浪漫好拍織品軟件的「偽裝」。

「白色外觀甚至希臘風，都是早期澎湖民宿業者賦予『度假』的刻板印象，跟在地文化完全無關！而且在冬天狂風挾裹『鹹水淹』長期襲擊腐蝕下，通常撐不到一年就得全部重漆，是經營成本上一大負擔；而旅客最愛的大開窗，當風一大就會像本島颱風天一樣砰砰作響一整夜，絕對不會是美好的住宿體驗。」劉姐一針見血道出澎湖 900 多家民宿業者的困境與包袱，希望找到冬季海島旅遊的出路。

100 坪建地中，室內建築占了 50 坪，為三層樓建物，擁有 9 間房間與頂樓私人泳池 VIP 房。以清水模、玻璃、金屬格柵為主要建材，大膽融入「腦電波」為設計發想，採日式錯層設計，令整體空間仿彿樂高積木一樣不規則層堆疊。外觀兩側看不到對外窗，徹底解決南北向風勢襲擊問題；室內則不見樑與柱，利用全棟建物 20 ～ 40 公分牆面支撐、精密計算安全載重，是建築師與結構工程師通力合作的一大突破！

建築正中央開了一道天窗，主要樓梯動線也居中處理，有點像是人工打造的一線天效果，充分提供白天的室內光源。尤其建地為東西向、大門朝東，所以太陽會沿著天窗升起、落下，伴隨著種植於室內延伸到三樓高度的綠色植栽、後方水池的波光粼粼，不同時刻在室內都能享受到澎湖特有的靜謐與安寧。

穩健起步，淡季各式講座活動計畫中

從 2018 年底正式營運至今，緣民宿走過兩個完整年頭，因為建築獎項加持，吸引相關專業人士與低調名人、喜愛出國享受質感的旅客等多方支持，民宿並未受到太多疫情影響、經營算是步上正軌；網站訂房則交由專業鑽研

深度旅遊的沿菊文旅整合規劃，多年深耕旅宿的站長讓劉姐十分安心。

現在民宿除了提供訪客在地有名的早餐、香醇的台灣茶與咖啡外，如果時間許可，會帶著他們參與社區活動、到當地人才知道的祕密潮間帶嬉戲，或配合客人專業展開藝文、插花講座，將來還計畫加入皮雕、建築、甚至魔術活動。令人開心的是，目前冬天已經有成功大學、金門大學、實踐大學的建築體驗營包棟並進行建築相關課程，實現了劉姐打造世界級建築的教育初衷；之後希望可以在 3 月底 4 月初舉辦淨灘活動、打工換宿等，努力減少空房率，也為環境盡一份心力！

對於未來，劉姐表示或許得經過五年才能徹底抓到經營節奏，她有很多想法等待實現，期盼一切就跟民宿的命名一樣——人與人打從心底互相信任，結合特別的緣分。

（左）位於建築後側的 2 樓公共用餐區，可欣賞後方水池景致，當太陽西下時，天花、壁面更會映照出粼粼波光，十分美麗。
（右）玻璃樓梯通道、小廚房與頂樓無邊際泳池，皆為 VIP 房的專屬設施，享有絕對私密的個人空間。

Enishi Resort Villa 緣民宿

布局拓點計畫

2012	**2018**	**2018**	**2020**
計畫動工	9 月 11 日營運	榮獲 ADA 新銳建築獎首獎	正式開幕

品牌經營	
成立年份	2018 年
成立發源地	台灣澎湖
首間旅宿所在地	澎湖縣湖西鄉
成立資本額	約 NT.3,800 萬元
年度營收	NT.400 萬元
國內／海外家數占比	台灣 1 家
直營／加盟家數占比	無
加盟條件／限制	無
加盟金額	無
加盟福利	無

店面營運	
旅宿面積	150 坪
住宿價格	NT.3,800 元～ NT.12,000 元
每月住宿銷售額	旺季（4~10 月）約 NT.65 萬元；淡季少於 NT.10 萬
總投資	不提供
店租成本	無
裝修成本	NT.1,000 萬元
人事成本	NT. 20 萬元
空間設計	日本：前田紀貞建築師工作室、建築師辻真悟 台灣：享工房謝宗哲、翁廷楷建築師事務所、原型結構工程顧問有限公司陳冠帆

因應共享趨勢的轉變，Home Hotel 大安選擇將 5 樓空間改造為靈感大廳，同時和 Boven 雜誌圖書館合作，根據每季陳列不同的書籍主題。

Home Hotel

深植 MIT 精神做一間旅人在台灣的家

以客房策展、沉浸式體驗串起大眾連結與品牌聲量

文__Patricia 資料暨圖片提供__Home Hotel

是飯店，卻也不只是飯店。擁有信義、大安二間旅館的 **Home Hotel**，創立之初便以明確的「**MIT**」品牌精神做出屬於台灣本地的差異特色，隨之更透過與策展方、藝術創作者的共同合作，逐漸建立起品牌價值與效益，今年 **Home Hotel** 大安雖受到疫情影響暫時轉為防疫旅館，卻也促使 **Home Hotel** 第三度聯手策展團隊「孩在 **Hi! Kidult**」，邀請富邦藝旅、植光花園酒店共同協辦一直深受大眾歡迎的「**13** 個房間藝術創作節」，以雙方互惠共好的概念，創造地域性觀光的光景。

Brand Data　以台灣製造、台灣設計作為品牌精神，目標是成為每一位旅客在台灣的家，品牌識別由新興藝術家王九思操刀，設計理念是將中國楷書的「人」字與英文字母 H 結合，建構出中西方文化衝擊的設計美感，更有「人住在家中」的美好涵義。

5 樓空間改造為靈感大廳，房客可自由使用，同時也能舉辦講座、包場活動與小型記者會。

　　飯店客房除了住宿之外，還能做什麼？以「與設計共眠」、「13 個房間藝術創作節」、「微醺大飯店」等企劃打響品牌熱度的 Home Hotel，走出一條不同於其他飯店的經營路線，結合新銳藝術家、手創品牌、策展人的跨 IP 結盟概念，加上置入近年來當紅的體驗式行銷串起與消費大眾的連結，讓成立不到十年的 Home Hotel，連續兩年獲得米其林推薦，也入選 2020 年 Louis Vuitton 台北 City Guide 旅遊指南。

以 MIT 做出差異，與 300 個台灣品牌互惠共好

　　Home Hotel 創立的契機點，在於 2011 年奧美廣告商辦大樓租約到期，老闆王超立看好觀光產業的遠景，決心投入飯店產業，「當時曾抉擇是否該加盟國際集團，後來老闆認為既然要做，就做一個屬於自己的品牌，未來才會有無限可能。」品牌行銷經理陸念新說道。然而當年信義區就有 W hotel、Le Méridien、Hyatt 國際集團飯店，唯一台灣本地的 Home Hotel 如何建立差異性與價值？團隊決議以 MIT 為策略，不單單只是台灣製造，這些

傢具、備品、設備皆為具有深厚文創實力、故事性的台灣品牌，包括全球第一支 100％再生塑膠包裝洗髮精「O'right 歐萊德」，瓶身置入種子、分解後發芽茁壯可長出一顆樹，以及藝術家鄧乃瑄 Burt Cake 手繪瓷杯、有情門傢具……等，讓更多旅客認識品牌所想要傳達的理念。

「一開始的合作常常被質疑，這些廠商以為 Home Hotel 只是想拿到更好的價錢，我們盡力說服希望是藉由雙方互惠方式推廣品牌，再因為搭上台北設計之都的合作，營運約四個月左右，Home Hotel 已達到正盈餘，」陸念新說。明確的品牌定位差異，加上房價相對同區域的五星級飯店更為親民，吸引許多商務客層的喜愛，Home Hotel 信義逐漸做出口碑，但也深知品牌過去毫無飯店經歷與背景，每走一步棋更得謹慎評估。沒想到 2015 年剛好有棟位於復興南路上、與警察局共構的 BOT 案，鋼骨結構強、鄰近捷運站以及獨棟的種種優勢，配合著飯店景氣往上攀升，Home Hotel 決定拿下租約籌備開設大安店。

對 Home Hotel 而言，信義、大安絕對是各自獨立，並非分店複製的概念，「統一規格複製雖然簡單快速，但我們更希望能在每個區域做出不同特色，」陸念新補充說道，唯一不變的是 Home Hotel 堅持的 MIT 精神以及大量溫暖的木頭材質。Home Hotel 信義設計以中華文化為概念，運用青花瓷、毛筆字元素，Home Hotel 大安則希望更本土化，因此融入豐富的台灣原住民特色為設計靈感，譬如以織布機概念創作的書桌、營火火把轉化為桌燈，包含備品設備都是全部重新挑選。

結合藝術策展、沉浸式體驗，放大客房價值效益

相較 Home Hotel 信義已經步上軌道，如何讓成立才一年的 Home Hotel 大安做出名聲，勢必得想出突破以往思維的傳統套裝行程、節慶方案，就在此時，執行長王念秋丟出一些問題，房間價值有多少？空房時段是否也能達到最大效益？於是在 2016 年催生「與設計共眠」客房策展活動，結合台灣

Home Hotel 大安從 2018 年起便與「孩在 Hi! Kidult」合作「13 個房間創作藝術節」每年設定不同主題，以客房作為藝術創作者的場域，給予環繞、立體式的沉浸式藝術體驗。

2019 年 Home Hotel 大安邀請驚喜製造共同推出「微醺大飯店」，客房即舞台，結合互動表演、調酒的沉浸式體驗，參與者可逐一探索不同的客房所上演的舞台劇，如同身處奇幻電影場景般，推出後廣受好評持續了長達 8 個月的時間。

十個新銳設計品牌、六組創作團隊，重新打造限定客房，而且只要每一間房售出就撥出 10％收益給設計團隊，期望每個品牌獲得曝光與實質收入，共同宣傳的合作下確實也獲得良好的反應。

一直到 2018 年 Home Hotel 找來「孩在 Hi! Kidult」合作，推出「歡迎光臨請敲門！ 13 個房間與它的時空冒險」，到了 2019 年長達 8 個月、售出 1 萬 6 千張門票的「微醺大飯店」更是將 Home Hotel 大安推往高峰，也拿下紅點設計獎、金點設計獎。

有別於過去展覽都是平面式，藝術家利用 13 個房間佈展，扣除前後進撤場的時間，將近有 8 天不能賣客房，王念秋一口答應團隊的想法，「沉浸式體驗已經是一種趨勢，單純在房間擺放藝術展覽並不特別，除了跳脫形式，我們也選擇非一線、但獨特的創作者，每個房間設定不同時間與地點，刺激創作者重新思考」陸念新說。想不到開展第一天廣受好評，3 天售出 2100 張門票、每天將近 800 位的參觀人數，為飯店、策展方、創作者帶來品牌價值與效益。

這樣的成功模式下，Home Hotel 也繼續在大安於 2019 年舉辦「13 個房間｜平行宇宙」，今年遇上疫情導致觀光受到衝擊，原本 8 成是觀光客層的 Home Hotel 大安為了維持穩定營收，於 4 月加入防疫旅館行列，也因為如此，Home Hotel 與「孩在 Hi! Kidult」決定與同為旅宿產業的在地品牌：富邦藝旅、植光花園酒店協辦，將今年的「13 個房間創作藝術節｜看不見的城市」移至全新的客房場域，甚至擴大規模至大安區店家，邀請創作者在五間獨立店家以藝術裝置詮釋品牌特色，搭建出城市裡的奇幻世界，提到與其他旅館合作的概念，陸念新認為，透過品牌間的推廣互惠，反而能讓產品內容變得更有趣，也能帶動地域性的觀光，在於藝術策展，Home Hotel 更不吝於與他人分享商業利益，「這不是一個單打獨鬥的社會，不論是孩在 Hi! Kidult 或是驚喜製造都有我們所沒有的創意，有他們的加入才能壯大活動的內容與趣味性，」陸念新補充說，也期待疫情過後，Home Hotel 能恢復一年一度大型活動的企劃，甚至是結合科技、運動、新場域的產品內容，讓 Home Hotel 不只是飯店。

Home Hotel 大安在 MIT 的精神下，帶入更具本土的台灣特色，以原住民元素為設計靈感，像是將圖騰轉換為抱枕，以及擷取裁縫機為概念設計的書桌及書桌椅。

Home Hotel

布局拓點計畫

2011 ————— 2015 ————————→

2011
Home Hotel 信義成立

2015
Home Hotel 大安成立

品牌經營	
成立年份	2011 年
成立發源地	台灣台北
首間旅宿所在地	台北市信義區
成立資本額	Home Hotel 大安約 NT.2 億 3 千萬元 Home Hotel 信義約 NT.1 億 5 千萬元
年度營收	NT.2 億元
國內／海外家數占比	台灣 2 家
直營／加盟家數占比	直營 2 家
加盟條件／限制	無
加盟金額	無
加盟福利	無

店面營運	
旅宿面積	2,700 坪
住宿價格	一晚約 NT.4,500 ～ 5,000 元
每月住宿銷售額	NT.1 千 8 百萬元
總投資	約 NT.2 億 3 千萬元
店租成本	Home Hotel 大安約 NT.800 萬元
裝修成本	NT.2 億元
人事成本	不提供
空間設計	衡美設計

玩味旅舍進一步藉由「策展」的概念，利用設計物件，建構出不同主題的體驗空間。

Play Design Hotel 玩味旅舍

倡議「設計旅館」概念，
為每一間房策劃獨一無二的展覽

讓設計單品成為旅居生活的一部分，深化其記憶與情感

文＿王馨翎　資料暨圖片提供＿Play Design Hotel玩味旅舍

進駐於和泰大飯店舊址 5 樓的「**Play Design Hotel 玩味旅舍**」（以下簡稱玩味旅舍），開業於 2015 年，以「設計旅店」的概念於飽和的旅館業中異軍突起，吸引眾多對於設計師單品抱有濃厚興趣，且重視旅遊住宿品質的旅客前往體驗。於 2018 年，進一步將 7 樓空間承租下來，除了擺放豐富的蒐藏品以外，亦賦予其文化沙龍的定義，於每週五、六、日舉辦食物設計的沙龍活動，帶領旅客由產品設計體驗拓展至品嚐飲食設計的維度，讓旅宿跳脫單純休憩的功能，成為輸出台灣設計能量的載體。

Brand Data　　在提供休憩場域之外，進一步藉由「策展」的概念，利用飽含文化意義的設計物件，建構出不同主題的體驗空間。期待給予住客重新想像台灣當代設計能量的空間，並得以與在地文化產生交流，深化旅遊回憶。

玩味旅舍共有 5 種不同主題的房間，例如 Maker Room、MIT 3.0 Room、茶室等，於其中會展出符合主題軸線的設計單品，並且藉由單品的新增與更換，慢慢地去描摹出設計概略的分類與景觀。

　　玩味旅舍創辦人陳鼎翰原為設計相關背景，曾專研於數位媒體設計、建築、工業設計等領域，從設計網站時萌發對於「Cyber Space 網路虛擬空間」如何予以視覺化的深度思考，進而投入實體空間的構築設計，最後藉由工業設計的訓練，使其設計思維回歸到人的生活尺度的探討。而服務於設計產業的期間，出產步調快速、過於求新求變，以及為了因應業主需求而創作處處受限的業態卻帶給陳鼎翰偌大的疲憊與空虛感，迫使他開始思考如何將既有資源良好的轉移，並將設計力投注於其他產業上，最終「設計旅店」的概念在他心中扎下了根。「旅館業的發展非常成熟，但由於這幾年消費習慣的轉變，加上消費者期待也有所不同，體驗經濟的概念開始盛行，因此旅館業也開始尋找新的模式與新的定義，這是讓設計與旅館業結合的好機會。」陳鼎翰補充說道。

為設計師提供曝光平台，讓產品融入旅客生活

「曾經反過來思考，如果設計是為了解決使用者的問題，讓大眾的生活過得更好，為何卻沒辦法反過來幫助到設計師自己呢？」陳鼎翰分享了潛藏他心中已久的感性提問，以此提問為改變的出發點，玩味旅舍的核心精神之一，便是提供一個能讓設計師展露作品的平台，藉此拓展其未來發展的可能性。「玩味旅舍雖然引用了策展概念，卻不同於一般國內外大型家居展覽，只能利用有限的會展展期，試圖觸及潛在消費者。此外，以展示的角度來呈現，始終無法真正貼近使用者，因此若能給予消費者一個機會，讓這些設計單品真正的進入生活中的情境與片段，即使只是短暫的幾天，相信都能使其更加了解產品，連帶也會刺激購買慾望。」陳鼎翰娓娓道來建立玩味旅舍的初衷。

每一間房間內都擺放至少 20 位設計師的單品，小至筆筒，大至沙發、茶几皆能看見台灣設計師的巧思以及對於傳統工藝的傳承意志，而房間的桌面上也都有擺置特別印製的品牌介紹酷卡，可作為紀念明信片使用；此外，於公區域也設置了寄售空間，可供住客前往挑選喜愛的單品作為此次旅程的紀念禮品，不僅有別於在一般紀念品商店所能購買到的款式，也可能因為曾在住宿期間使用過，而有了回憶的情感成分。「沒有人做過的事情，就有去做的價值，就算是失敗了，也會有參考的價值。」陳鼎翰語末如此說道。

每一間房間內都擺放至少 20 位設計師的單品，小至筆筒，大至沙發、茶几皆能看見台灣設計師的巧思以及對於傳統工藝的傳承意志。

玩味旅舍位於和泰大飯店舊址5樓，以展現設計為核心主軸，引用策展的概念，使每一間房都成為多種設計產品的展示間，空間以水泥色調為基底，呈現時尚內斂氛圍。

透過主題策展，試圖闡述台灣設計軸線與故事

在問及選物的標準時，陳鼎翰表示，玩味旅舍的核心是由「設計」所架構而成的，每一個決定都是為了闡述「設計的樣貌」，但設計本身十分難以定義，只能藉由不同主題的脈絡進行蒐集與爬梳，進而整合出概略的樣態。「玩味旅舍共有 5 種不同主題的房間，例如 Maker Room、MIT 3.0 Room、茶室等，於其中會展出符合主題軸線的設計單品，並且藉由單品的新增與更換，慢慢地去描摹出設計概略的分類與景觀。」陳鼎翰接續說明，Maker Room，顧名思義，著重於展示發揮手作精神、舊物改造、就地取材等的設計師單品；MIT 3.0 Room 則是嚴選來自台灣設計師且在台灣製造生產的設計單品。而除了具有明確主題的房型以外，玩味旅舍極具巧思地提供了一間可以讓住客搖身成為策展人角色的房型，房客可以自由選擇要擺放在房間內的單品，規劃出自己期待的住宿風格，此特殊設定成功地吸引到類型更加多元的客群，也增加了體驗的趣味性，更曾有人將其作為慶祝節日的地點。

從 2015 年開業以來，玩味旅舍不僅獲得了廣大住客的喜愛與認同，也成為許多設計師信賴且積極尋求合作的品牌，其中不乏有原本為傳統製造產業，而在二代接手經營後，將豐厚的製造能量予以轉化，無論是自行設計或者與設計師合作，開發出兼具實用性與美感的單品，藉此重新打入新世代的市場，漸漸從單純製造者的角色，躍升為揚名國際的設計品牌。另一方面，亦有許多注重傳統工藝傳承與創新運用的設計師，自身投入學習工法，並結合本有的美學涵養，打造出一件又一件令人驚異且愛不釋手的生活用品，該產品此時亦轉化為闡述在地文化的載體，加深旅客對於台灣本土文化的印象與情感。「這些品牌背後都有值得分享與傳承下去的精神與故事，玩味旅舍既然身兼旅宿的角色，有更多機會能接觸到國外的旅客，而能藉此空間向他們深度介紹台灣本土的歷史文化，於品牌、旅客、旅宿三方而言，都能產生更深遠的意義。」陳鼎翰於訪談尾聲語帶微笑地說道。

於公共空間設置了寄售區,販售尺寸較小
的設計師單品,可供住客前往挑選喜愛的
單品作為此次旅程的紀念禮品。

Play Design Hotel 玩味旅舍

布局拓點計畫

2015 ──────────── **2018** ─────────────▶

Play Design Hotel 玩味旅舍開幕   Play Design Salon 玩味沙龍開幕

品牌經營	
成立年份	2015 年
成立發源地	台灣台北
首間旅宿所在地	台北市大同區
成立資本額	約 NT.800 萬元
年度營收	約 NT.600 萬元
國內／海外家數占比	台灣 2 家
直營／加盟家數占比	直營 2 家
加盟條件／限制	無
加盟金額	無
加盟福利	無

店面營運	
旅宿面積	64 坪
住宿價格	一晚約 NT.3,600 ～ 5,500 元
每月住宿銷售額	約 NT.40 萬元
總投資	約 NT.800 萬元
店租成本	不提供
裝修成本	約 NT.650 萬元
人事成本	約 NT.12 萬元
空間設計	Play Design Lab 玩味創研

艸祭 Book inn 位於台南古蹟的核心區域孔廟商圈，對面就是孔廟，騎樓綠植連結孔廟的庭園，日光書影、鬧中取靜的氣氛。

艸祭 Book inn

從書店到旅店，
傳承文化書香與人情

彼此尊重、互相交流，珍惜相遇一刻

文__Virginia　攝影__邱于恆　資料提供__艸祭Book inn

走在台南市中西區的街屋騎樓，在地小吃、名產店、街坊生意一家接著一家，新與舊自然地在這個南方古城交融，散步到孔廟附近，騎樓霎時綠意盎然，透過落地玻璃門可看到裡面氣勢磅礴的弧形落地書櫃，初次經過的人不免好奇，熟門熟路的人則是當成在台南的第二個家一般推門而入，閱讀也好，住宿也好，「艸祭 Book inn」以彼此尊重共好的待客之道，歡迎鄰里與旅人前來使用這個空間。

Brand Data　　一家以書店為主題的民宿，接棒台南知名二手書店延續書的生命，並接待來自各地的旅人，書友們必訪的破洞仍保留下下，大量的藏書獻給來到這個空間裡的人，歡迎閱讀上癮的書蟲來作夢、交友、悠然生活，除了閱讀也歡迎旅人一起探索台南。

前櫃弧形落地書櫃，有如張開雙臂歡迎每位到訪的人，呼應透天街屋的洗石子地板與挑高特色，櫃檯與傢具選用自然質樸的材料，復古的造型，人文氣韻引人入勝。

　　成立 13 年的台南草祭二手書店，不僅在地居民，也是愛書人、旅人會特地前來參訪的景點，2017 年 4 月宣告歇業，當眾人惋惜一個文化地標熄燈時，該年年底同址改以艸祭 Book inn 延續書香，名字取自書店老闆姓氏「蔡」字拆解後將「草」改為「艸」，接手的經營者莊羽霈（Emily）以書店主題旅宿、背包客旅館的形式，在古都台南繼續譜寫這個精神傳承的故事。

求好心切追加預算，做台南最貴背包客旅館

　　最初股東的共識是投入 NT.1,000 萬元建構軟硬體，前後棟各 4 層樓的老屋，要從民宅改為旅宿，強化原本建築結構與管路設備之餘，還要足以負荷人數多而頻繁的使用，因此請到潘俊元建築師協助規劃設計，最初設計了130 多個床位，但沒有青旅最重要、可供烹飪交誼的開放式廚房，Emily 從實際走訪住宿十多間背包客旅館的經驗，說服了股東們減少床位數到 88 個，將前棟 4 樓調整為交誼廳，開放式中島廚房可簡單料理飲食、聊天，沿牆設

置桌椅沙發，也有共用 iMac 電腦提供旅客上網查找資訊，甚至備有桌遊與友共樂。戶外露台區可眺望台南舊城區核心地帶巷弄景觀，也備有洗衣機與晾衣空間。

1 樓設計了弧形落地書牆，加入了實木弧形櫃檯、鑲著綠色花布的復古沙發，也將書區重新規劃為可以坐下來閱讀的空間，並蒐羅了許多與空間氛圍契合的復古老件，林林總總不斷累加之下，預算一下來到 NT.1,100 萬元，但頭洗下去已沒有回頭路，為了達到想要的品質，股東們也同意增資把旅宿做好，Emily 笑說她立志成為台南最貴的背包客旅館，支撐這句話的不只是硬體設備，有更多底氣是來自為旅人設想的細節。

設想旅行中生活的情境，花心思在令人有感的細節

雖然是背包客旅店，床的選擇可一點也不馬虎，Emily 親自訂製試躺，不斷調整軟硬支撐度，也因有旅宿業的背景管道，不惜成本選用星級飯店等級的床品、毛巾，每張床尾附上毛巾及茄芷袋，盥洗時可將細軟裝進茄芷袋拎去浴室，床邊插座、USB 充電座、閱讀燈一應俱全，小層板可放手機、眼鏡以及今晚陪你入睡的那本書。

前棟的 2 樓與 3 樓規劃成書房與好朋友房，男女皆可入住。書房是艸祭 Book inn 的特色房型，許多人慕名而來就是要睡在書櫃裡。後棟女生專用空間要刷房卡才能上樓，2 樓是女朋友二人房及女朋友六人房，3 樓則是有 28 個床位的女朋友房，中央的空間擺了抱枕坐墊，也曾有人在那兒做瑜伽。進入女朋友房之前有個小玄關，每個床位都有專屬的鞋櫃放外出鞋，在這裡換上室內拖鞋入內，櫃子的門片加裝緩衝回彈裝置，關上鞋櫃時不會發出巨大的噪音，避免影響到其他住客。

盥洗空間洗臉檯與梳妝檯分開，有效分散人流，如果忘記帶洗臉卸妝保養品也沒關係，旅宿貼心幫你準備了乾濕分離的淋浴間，不會發生洗完澡穿衣時沒有乾的地方站的窘境，廁所使用免治馬桶，更為女生不預期到訪的「好朋友」準備了衛生棉，種種貼心之舉，讓女孩兒有被寵愛的感覺。

（上）前身為草祭二手書店，更迭為旅店後依舊敞開大門歡迎入內看書，現場除了舒適沙發和桌椅，更提供免費的咖啡茶水，不限時不收費推廣閱讀，附近學校的孩子下了課也會來這裡讀書。（下）前棟的 1 樓和地下室樓板打通形成的「破洞」，是艸祭 Book inn 空間特色之一，結合書區和展覽空間，並收集了台灣舊時生活記憶生活物件與宮廟畫樑，呼應所在的孔廟商圈背景。

位於前棟4樓的共享空間，是開放給住客的交誼廳，中島上的小點心提供住客補充能量，早上供應早餐，戶外天台晚上點燈別有一番風情。

一開始確立明確規則，接待想法契合的國內外旅人

　　由於住宿型態是共享生活空間，因此艸祭 Book inn 不接待 7 歲以下兒童，7 歲以上 18 歲以下的青年與兒童須由父母或法定監護人陪同入住或出具家長同意書，為了維護住房品質，一個人就是占一個床位。對於初次訂房的旅人，會照著規則進行溝通，如有疑慮或不能接受就不要勉強入住，Emily 認為沒必要忍耐或屈就，讓旅宿及旅客彼此都感到委屈，畢竟背包客旅館的居住形式不是每個人都能接受，有時她甚至還會推薦客人台南其他更適合的飯店。但若是第二次回住或多次回訪的客人，代表能夠認同艸祭 Book inn 的理念想法，就會在不影響其他住客的前提下給予方便和彈性。

　　在這個共住的空間裡互相尊重，彼此交流，讓 Emily 收獲了許多珍貴的情誼，像是有一對日本母女來住了好幾次，每次都住上一個月，女兒 60 多歲，母親已 80 多歲平時須坐輪椅，第一次訂房時她再次向旅店確認沒有電梯必須爬樓梯，房間內也沒有廁所必須共用等情況，充分溝通確認沒問題，日後每次來台南都入住；還有一次接到訂房是祕書來電預定 4 人入住，當下不以為意，入住當天是一輛保母車載著 6 人，一位是司機，一位是祕書，了解後才知道是上市櫃公司老闆和長年旅居國外的家人到台南來入住；還曾有三代同堂的家庭入住，Emily 問阿嬤住得習慣嗎？阿嬤回答以往家人出遊住飯店，各住套房少了闔家團聚的感覺，在這裡大家住一起，看著孫子兒女就覺得滿足開心了。2 年多快 3 年的經營時間，客群年齡層意外地較一般背包客旅店高，許多退休族與她分享來住艸祭認識了許多好朋友，外國旅客占了三分之一，直接在官網訂房占了住房率的一半，房價不分平假日淡旺季，全年只調漲農曆春節四天，這是反應春節期間薪資雙倍的成本，這些都是希望給人在旅途中的臨時住所一個家的感覺。

自我要求時時做好準備，坦然平常心面對外在挑戰

　　共享共住的旅宿形式，在這波新型冠狀病毒肺炎（COVID-19）疫情下大受影響，Emily 分享疫情前清明連假訂房全滿，但疫情在台灣開始之後，堅持只賣 5 成床位，為的就是讓客人安心也讓員工安心，不需要冒險出遊、冒險賺錢，何況疫情之下是全部旅遊業都受波及，不是自己能控制的範圍，因此她們也趁著這段期間把全館上上下下每一本書都擦過一遍，整理平時沒有餘力的部分。前陣子疫情趨緩，住房率回升，她也不希望用折扣促銷方式吸引客人，這段期間她收到許多客人的鼓勵與問候，她相信能控制的只有自己，做好準備，外在環境的影響撐過去，就能迎接春暖花開的那一天。

（左）女生限定的女朋友房有各自獨立的床位，拉簾提供隱私與避免燈光干擾睡眠，每床附有茄芷袋，方便盥洗時裝換洗衣物及清潔用品。（右）睡在書櫃裡的書房，是艸祭 Book inn 的特色房型，在書本圍繞下伴你入眠。下方抽屜可放下 20 吋的行李箱，附有密碼鎖。

艸祭 Book inn

布局拓點計畫

2017 4 月前	2017 12 月	2018
台南知名二手書店草祭	艸祭 Book inn 開幕	推出專才換宿方案

品牌經營

成立年份	2017 年
成立發源地	台灣台南
首間旅宿所在地	台南市中西區
成立資本額	不提供
年度營收	不提供
國內／海外家數占比	台灣 1 家
直營／加盟家數占比	直營 1 家
加盟條件／限制	暫無計畫
加盟金額	暫無計畫
加盟福利	暫無計畫

店面營運

旅宿面積	350 坪
住宿價格	混住書房、四人房 NT.780 元／床、女朋友房 NT.850 元／床
每月住宿銷售額	約 NT.70 ～ 80 萬元
總投資	NT.1,800 萬元，含裝修、設備等
店租成本	不提供
裝修成本	不提供
人事成本	不提供
空間設計	1 樓書區為蔡漢忠先生設計，2 ～ 4 樓為潘俊元建築師設計

勤美學 CMP Village 打從最初就是一場實驗計畫,過程中牽涉到人與人、人與自然等各種變動條件。

勤美學 CMP Village

善用五感體驗,放大日常美好

以旅人姿態重新向土地學習

文＿洪雅琪　資料暨圖片提供＿勤美學 CMP Village

人們口中言傳的戶外祕境「勤美學 **CMP Village**」,坐落於苗栗縣造橋鄉的一處山林裡,這場由勤美學執行長何承育所帶領的在地美學旅宿計畫,非但跳脫常人對於觀光露營的想像,更有著強大的實驗精神,企圖挖掘更深層的在地人文與生態環境,親自夜宿一晚,除了獲得平靜放鬆,更能重新體驗人與自然之間的美好交流。

Brand Data

勤美學是一個在地美學實驗計畫，
傳達自然永續、院長導師精神、
生活哲學的企業核心精神，以台
灣老式的香格里拉樂園為基地，
融入在地文化，透過旅遊與生活
體驗，一步步打造在地生活美學
的實驗平台。

勤美學執行長何承育。

　　「豪華露營從不是勤美學的本意，也非行銷目的。」何承育表示，當時
勤美集團在 2012 年買下苗栗香格里拉樂園後，之所以到 2017 年才以「勤美
學」計畫正式對外開放，目的就是為了花時間尋找、累積在地的人文環境價
值。簡言之，品牌團隊捨棄置入高大上的國際飯店，對於這種容易陷入曇花
一現、破壞當地平衡的舉動，他們選擇蹲低姿態，主動從土地尋找答案。

運用「沉浸式體驗」帶領旅人深度探索

　　「帳篷只是形式，更有價值的是我們設計的體驗環節與內容，包含與各
種工藝職人、生態專家與藝術家的合作，那才是勤美學對於苗栗土地的尊重
與特別之處」，只有這些願意打開五感，體驗環境、節氣變化的旅人，才能
感悟到勤美學的真正價值。

　　正由於園區內鮮少硬體配置，團隊更能把心力聚焦在苗栗的風土人文，
包含勤美學的 3 大重點區域「山那村」、「好夢里」與「森大」，被個別賦

「山那村」、「好夢里」與「森大」，被個別賦予不同含意。

予不同含意：山那村主要體驗在地文化與人的關係，因此擁有豐富的職人體驗；好夢里則強調人與人之間的連結，因此設計許多儀式性的交流，打破平日與他人的隔閡，轉而凝聚團體的力量；而森大更狂野、更充滿想像，作為一處實驗場域，它與自然的關係更加緊密，交流形式更是活用五感知覺。

捨棄傳統制式經營，勇於發揮個人獨特價值

　　不可否認，勤美學的成功確實帶起一股露營旅宿的風潮，問及何承育如何確保品牌的經營模式是可行且無法被複製的？他表示，勤美學打從最初就是一場實驗計畫，過程中牽涉到人與人、人與自然等各種變動條件，因此誰也說不定結果，這也是他們相當重視客群建議的原因，每當活動或課程結束，團隊都會回收問卷，共同檢討哪些企劃是理想美好卻難以執行，或是哪些規劃細節稍有不足，有趣的是，同樣的體驗流程會有人覺得太空、有人覺得太

滿，因此如何掌握整體平衡，在在考驗著團隊的決策力與應變能力。

　　除了側重企劃內容，「村長」與「職人」的導入，更是傳遞在地人文的最佳 Storyteller；勤美學共有 12 位來自不同領域的村長，當中甚至包含香格里拉老職員，他們有的通曉昆蟲、植栽、觀星等天文地理，有的專精於工藝等生活美學，何承育強調，村長們並非管家，而是安定人心的可靠旅伴，品牌透過身分轉換，成功跳脫傳統旅宿的階級服務；相較村長，職人則是激發創造力的引導者，他們憑藉自身專業，帶領旅人用五感體驗自給自足的魅力，包含作物種植、手工藝編織、植物藍染、料理在地食材等，透過親身實作發揚苗栗在地文化。

秉持永續精神，持續探索非日常的日常

　　當各行各業飽受新型冠狀病毒肺炎（COVID-19）所苦時，勤美學憑藉地理位置優勢與特殊經營模式，所幸無太大影響，然而品牌如今的成就並非一蹴可幾，因此何承育常警惕自己，要以更高的格局思考勤美學帶給社

「山那村」主要體驗在地文化與人的關係，因此規劃了豐富的職人體驗活動。

村長職人在園區竹林間,從砍竹 、裁切、去節 、打磨 、上油 、麻繩綑綁,親手完成一座長達 15 公尺的巨型流水麵線;品牌因應不同的節慶與自然生態,規劃出一檔檔的特別企劃,讓村民有別出心裁的感受。

會的價值，而「風格美學」與「永續精神」則是他打破惡性循環的心法，好比今年秋天，勤美學邀請來自墨西哥的裝置藝術家路瓦·里維拉（Lua Rivera）與在地藝術團隊「不廢跨村實驗室」，共同創作出一幅巨大的藝術作品「巢展 Tensile」，創作者們藉由數十種複合性的布織媒材交疊多彩顏色，創作出一幅巨型織網，巧妙地讓來訪者進入作品中的同時，也等於「走」入樹梢上，宛如漂浮在空中，感受自己與他人相互傳送的振動擺盪。人們透過作品的介質，與環境連結，最終與自然合而為一，這是勤美學希望透過藝術的形式，在不打擾、不破壞環境並尊重土地的方式下，創造一場場驚喜而美好旅程體驗。

（上）「好夢里」樹屋是由建築師蕭有志所設計，他透過觀察、順應樹木的生長姿態，將人為設計的程度減至最小。（下）老樂園時期遺留下來的南瓜棚，巧妙地在「勤美學·森大」裡成為一個圓形藝術展演空間，展演著關於人與森林生產關係的互動場景。

墨西哥裝置藝術家路瓦‧里維拉（Lua Rivera）與在地藝術團隊共同創作出一幅巨大的藝術作品「巢展 Tensile」，藉由數十種複合性的布織媒材交疊多彩顏色，創作出一幅巨型織網。

勤美學 CMP Village

布局拓點計畫

2018 ── **2018** ── **2019** →

推出 1001 夜「勤美學 – 山那村」計畫	推出微型森林聚落「好夢里」 推出大型藝術森林實驗場域「森大」	榮獲世界全球旅行榜「年度旅行體驗獎」

品牌經營

成立年份	2017 年
成立發源地	台灣苗栗
首間旅宿所在地	苗栗縣造橋鄉
成立資本額	不提供
年度營收	不提供
國內／海外家數占比	台灣 1 家
直營／加盟家數占比	直營 1 家
加盟條件／限制	無
加盟金額	無
加盟福利	無

店面營運

旅宿面積	整個園區占地 40 公頃
住宿價格	一晚約 NT.4,000 ～ 5,500 元
每月住宿銷售額	不提供
總投資	不提供
店租成本	不提供
裝修成本	不提供
人事成本	不提供
空間設計	不提供

潛立方旅館運用旅館結合潛水的經營模式，延伸到水中婚紗、攝影，再拓及城市旅遊、會議活動。

潛立方旅館

專業安全、不需遠求
就能放鬆體驗城市潛水

藉潛水運動推廣健康休閒與海洋保育觀念

文＿Virginia　資料暨圖片提供＿潛立方旅館

占地球面積 **71**％的海洋素有「內太空」之稱，不同於陸地的環境與感官體驗，未知而充滿神祕感，台灣是海島國家，多數人卻對海洋世界十分陌生甚至恐懼。如果在城市裡就能有安全、專業的潛水環境，降低體驗水下環境的門檻，從初學到進階鍛練技巧累積經驗，同時增進對海洋保育的觀念，城市的休閒活動不只看電影、逛街，還可以有潛水這個選項。

Brand Data　潛立方旅館結合城市潛水、水下攝影、深水救援訓練、休閒住宿等以潛水為題的跨界連結。擁有亞洲第一深、全球第三深的 21 公尺深潛池，專業安全、交通便捷，住在都市也能輕鬆享受潛水活動，感受沉浸於深水中的寧靜與紓壓。

以城市潛水為主題，潛立方選址考慮交通便利性與景觀優勢，臨近台中高鐵站及台中市區，地勢能俯瞰台中七期的璀璨夜景，提供有別於野外開放水域的潛水體驗。

　　運動現已成「全民運動」，公部門廣設運動中心、運動場館，運動休閒選項越來越多元豐富，但住在城市裡，多半是從事「陸上運動」，想親近水只能到游泳池，少了一點休閒娛樂性。曾參與《少年 Pi 的奇幻漂流》幕後團隊工作，同時具有多年建構游泳場館經驗的潛立方旅館執行長王景平，看中了潛水這項看似小眾、卻正在全球興起的休閒運動風潮，誕生了「城市潛水」的創意，為確保可實踐落地，他做足了市場調查，分析目標客群，加上募資、籌建團隊、軟硬體建構等，花了 5 年時間，2017 年才催生出亞洲第一座潛水旅館，這條旅宿的差異化之路，走來不易，卻也與潛水這項活動聆聽自己的內心、做足訓練評估風險、勇於挑戰探索不謀而合。

傾注專業資源，打造亞洲首座潛水旅館

　　「潛水本身並不危險，缺少相關知識及獨潛才是真的危險。」王景平指出：「台灣向來缺乏大深度適合潛水的訓練場地，若有專業且安全的練習場

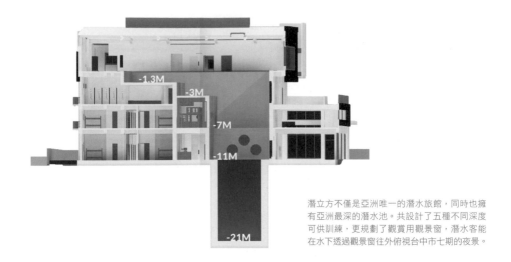

潛立方不僅是亞洲唯一的潛水旅館，同時也擁有亞洲最深的潛水池。共設計了五種不同深度可供訓練，更規劃了觀賞用觀景窗，潛水客能在水下透過觀景窗往外俯視台中市七期的夜景。

域，讓初學者能循序漸進從 3、7、11 公尺……逐步練習，確實打好基本功，常見因技巧不純熟而發生像是不小心損害珊瑚這類破壞海底生態的情況，潛立方的初衷，是給愛好潛水的人學習應對不同深度海域可能產生的危機，建立對水流的敏銳度，做好萬全準備，然後盡情探索海底世界。」

「潛立方」以旅館結合潛水的經營模式，延伸到水中婚紗、攝影，再拓及城市旅遊、會議活動，甚至主動提供場地作為消防局專業訓練基地。但建構過程可說是關關難過關關過，延請打造出全球最深達 40 公尺潛水泳池、義大利 Y-40 建築團隊協助，為符合台灣強震頻繁特性，外牆要加厚達 80 公分，王景平回憶道：「建築團隊搭建深潛池時，埋下許多鋼筋作輔助支撐，注水後需拆除，義大利團隊離開後，為了拆除這些管架，還煩惱不知要到哪裡找兼具技術及潛水能力的師傅來進行作業，沒想到，我們常配合的台灣工程團隊，師傅竟都是潛水愛好者。而在台灣建管單位眼裡，這是座從沒見過、連怎麼審核都不知道的特殊建築，最後還由 Y-40 從國外派員來台根據國際標準來驗收工程。」

前所未見的水壓、過濾與防水要求，很多建材與設備必須從國外進口，為了提供最安全、純淨的水質環境，特別從國外引進獨特的循環過濾系統，不同於一般泳池總有一股氯味，不僅無味每個月還只消耗約一池家用浴缸的水，並能保持 30℃ 恆溫。

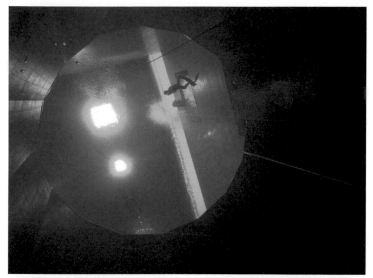

潛立方看準「水中攝影」需求開闢了新的客群路線，舉凡婚紗攝影、商業影片拍攝、電影拍攝，在淡水中更不容易損壞攝影器材。2019年與香港 MFI 國際人魚聯盟主辦以「海洋誓言」為題的水下攝影展，展廳是在 3～11 公尺的水下，必須潛水才能觀賞作品。

（上）沉船通常為於較深的海床，沒有相當經驗的潛水者難以到達，潛立方與電影《少年 Pi 的奇幻漂流》幕後團隊共同打造一座全球首創的室內沉船探險場景及可供探險與訓練的珊瑚礁洞穴，水深 4～7 公尺位置就能如歷實境。（下）將每間客房打造成船艙氛圍，除了單人房之外，全館房型皆為上下鋪設計，讓旅客體驗完神祕潛水的沉船探險後，接續相同的氛圍感受，進入船艙式的住宿體驗。

不同於陸地的感官體驗，有氧寧靜紓壓

　　海洋潛水遊客在海中探索海洋世界；而城市潛水則能在水中將城市風光盡收眼底，體驗不同的風景與感受。中部並沒有像北海岸的龍洞、南部如墾丁這樣的潛點，因此在規劃潛立方的時候，選在能眺望台中七期市景的基地並設計觀景窗，無論白天或夜晚，都能看到城市不同美景。至於希望透過旅行紓壓的旅客而言，在城市潛水活動能拋開手機、暫放煩惱，在水中高壓氧的環境下，於城市中找到寧靜的一角。

　　只是這樣還不夠，除了能在水中飽覽城市美景之外，更賦予了潛水旅館「故事」，由於這座旅館靈感源自少年 Pi 的故事，當年拍攝時王景平曾受李安導演劇組委任，負責訓練主角游泳，進而啟發他打造潛立方。因此在潛水池 4 ～ 7 公尺的深度，與少年 Pi 幕後團隊打造了一個逼真的古代沉船，透過教練的帶領，即使是初入門的潛水者都能以情境的方式探索潛水場景，彷彿進入時空隧道一探歷史遺跡。

提升潛水安全性，降低潛水門檻

　　許多人聽到潛水，多半直覺感到危險、不安全，為消除初次接觸者的疑慮，潛立方採用國際級潛水配備如德國 BAUER 空壓機、美國進口氣瓶、教學提供義大利 Aqualung 裝備，保障下水後的安全。潛水池標示清楚於深度1 公尺、3 公尺、7 公尺……各處標示深度，初次潛水者可根據個人調整，同時水溫恆溫，讓體驗者在潛水過程中不失溫。

　　除了水肺潛水的體驗外，也提供不戴氧氣瓶、有如美人魚般悠遊的自由潛水，專業的 PADI 潛水課程，透過瑜伽式的引導達到身心靈的放鬆，自由潛水可體驗水下的寧靜與安定，若是循序漸進學習更專業的課程，通過測試也可取得各種潛水認證。

藉潛水結合休閒、住宿、教育、藝術與公益

　　當初規劃潛立方時，也將「身心障礙族群」考量進去，在大海中潛水對他們來說是相對受限的，不過但當他們下水後，經常比一般人更能適應水中世界，在經過控制的環境下，讓任何人都能輕易愛上潛水，進而成為公益潛水員。此外，潛立方旅館也是台中市消防局的訓練中心，將成為亞洲首座也是亞洲最深的消防員潛水救援訓練基地。

　　由於參與電影少年 Pi 的拍攝經驗，潛立方也發展水中攝影，除了商業拍攝、水中婚紗、水中模特兒訓練等之外，2019 年 1 月 11 日至 2 月 11 日舉辦亞洲第一個水下攝影展，由潛立方旅館及香港 MFI 國際人魚聯盟主辦，只要擁有潛水員證照、人魚證照或是參加水肺潛水體驗，便可到潛立方旅館欣賞水下攝影大師西班牙的 Pepe Arcos、台灣的 Yorko Summer 及香港的 Kent Yeung 共 18 件以「MFI 海洋誓言」為主題的作品，希望能藉此提升海洋保育意識，並將大海的意象帶入城市裡。

　　住宿也還原搭船出海潛水的體驗，以「船艙」概念設計，除了單人房，皆採上下鋪加大單人床設計，上下鋪還原船艙高度，並於個人床鋪旁嵌入單人獨立衣櫃。為顧及夜間閱讀及上下床鋪時的便利，額外配備個人閱讀燈，讓房客在夜深人靜享受個人片刻寧靜時，不會干擾到室友的住宿品質。

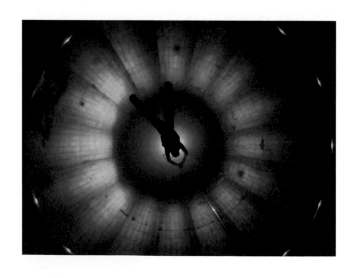

深潛池提供正在學習潛水的人相較野外一個平靜、安全的環境，降低對深海的恐懼。水溫舒適無需任何防寒衣束縛，能輕鬆自在享受深海內太空的世界，同時為日後進入海洋實習時打下扎實訓練。

潛立方旅館

布局拓點計畫

2012	2017	▷
開始建構計畫	潛立方旅館完工開幕	

品牌經營	
成立年份	2017 年
成立發源地	台灣台中
首間旅宿所在地	台中市西屯區
成立資本額	NT.1 億 5 千萬元
年度營收	不提供
國內／海外家數占比	台灣 1 家
直營／加盟家數占比	直營 1 家
加盟條件／限制	暫無計畫
加盟金額	暫無計畫
加盟福利	暫無計畫

店面營運	
旅宿面積	870 坪
住宿價格	單人房 NT.1,100 元／人起、雙人房 NT.1,750 元／人起
每月住宿銷售額	不提供
總投資	不提供
店租成本	不提供
裝修成本	不提供
人事成本	不提供
空間設計	不提供

浮雲客棧除了首次入住需要使用智動櫃檯掃描證件後再 Check-in，第二次入住則不需要，直接以手機當作房卡，降低員工與客人的接觸頻率。

浮雲客棧

創造人機共存，
保障客戶隱私的智能旅宿

自動機械手臂、運送機器人成亮點

文＿Jessie　資料暨圖片提供＿浮雲客棧

浮雲客棧坐落於交通便利的逢甲夜市周遭，由於董事長林志明本身相當喜歡中國文化，對於古書、歷史都深具興趣，浮雲二字來自李白「送友人」這首詩其中一句「浮雲遊子意，落日故人情」，李白將浮雲比喻成遊子，林志明則希望浮雲客棧是一處讓遊子休憩的地方，故此命名為浮雲客棧。

Brand Data　　浮雲哲學——獨立自主，聰明學習，享受生活，自我實現。為尋求人與自己、人與他人、人與自然、人與科技的對話，在地的我們用心經營，期待物超所值的身心靈體驗，讓您深感驚豔。

建築物、庭院景觀與動線規劃交由潘冀建築師事務所設計，入口以挑高門面吸引目光，建築物外立面搭配簡潔量體及深凹窗設計，形塑外觀。

　　位於台中逢甲商圈周遭的智慧型旅宿——浮雲客棧，隔壁就是經營 23 年的出租套房麗冠住園，但兩者背後的經營者皆為林志明。他在 1997 年建立麗冠住園，每 2 個月收取房租工程浩大，光收租就要動用 9 個人，經常擠爆辦公室，住戶抱怨連連，讓他傷透腦筋。林志明在偶然機會下，認識松山科技的許啓裕博士，並感受到其專業，投資兩台自動櫃員機以協助收租，從此之後收租只需要 4 位員工，不僅有效降低人力成本，住戶滿意度也跟著提升。

導入智能科技系統，讓客人保有高度隱私

麗冠住園隔壁的 650 坪空地同屬萬甲集團所有，林志明考慮到逢甲夜市周遭的土地大漲，價格從 1 坪新台幣 20 萬元漲到 1 坪新台幣 60 萬元，建設的費用同樣隨著時間漲價，再加上容積率減半的考量下，假如這片土地要蓋套房，相對來說，較不划算，於是，朝著建設旅宿的方向前進。由於曾使用自動櫃員機而感受到科技帶來的好處，林志明認為台灣的旅宿未來勢必會走向智慧化、無人化的趨勢，決定導入桌面嵌入型智動櫃檯、PMS 智能平台、品牌 APP、機械手臂……等智能系統。

浮雲客棧的入住流程為，在專屬 APP 訂房後，開車經過自動辨識系統到地下室停車，除了首次入住需要使用智動櫃檯掃描證件後再 Check-in，第二次入住則不需要，直接以手機當作房卡，退房時不必還房卡，以手機退房即可，讓客人感覺像住在家裡一般，來去自如。

此外，自動機械手臂也是浮雲客棧的亮點之一，客人在 Check-in 前與 Check-out 後可以透過電腦操作機械手臂將行李寄放在旅宿。旅宿內還設置兩款機器人：大浮、小雲，大浮是用來運送備品，小雲則是用來運送行李，兩者的正面皆有設計平板臉孔，希望讓訪客感受到浮雲客棧的服務精神。

冷靜處理各種挑戰，不畏疫情堅持營運

談到經營旅宿的挫折，林志明坦言，「一般房屋的法規沒有旅宿這麼嚴謹繁瑣，我以前只蓋過套房，沒蓋過旅宿，但蓋一棟旅宿其實藏著很多眉角，」從申請建照開始就遇到困難，他計畫在旅宿入口處設計 300 坪大庭院，以此申請容積獎勵，不過，領到建照後必須經過 20 個委員全體通過的都市審查才能得到獎勵。都審一審就審了三年，最後在入口庭園種植台灣原生植物，才說服了所有委員，通過都審。

（上）自動機械手臂是浮雲客棧的亮點之一，客人在 Check-in 前與 Check-out 後可以透過電腦操作機械手臂將行李寄放在旅宿，未來它還會不定時舞動，為旅客們表演。（下）11 樓以下，屬於房型不大但內部功能齊全的舒適套房。

（上）想住舒服點，還有豪華雙床家庭套房可選。（下）除了一般房型之外，還有提供豪華日式家庭套房，讓喜歡日式風格的旅客開心入住。

　　然而，計畫趕不上變化，2019 年底開幕即碰到新型冠狀病毒肺炎（COVID-19），林志明感嘆道：「原本預期開旅宿的收益會比收房租來得高，沒想到去年底開幕，今年初馬上碰到疫情，好幾個月都沒有旅客，但是人事費用照樣要付，壓力非常大。」

　　除了人事費用外，人事異動也讓林志明花費許多時間調整，原先他向外招募總經理，一連換了五位，發現皆不適任，最後委任已經共事 30 多年的同事擔任總經理，才安定下來。他也注意到服務業經常是一個人離職後，幾十個人集體離職，他後來學到教訓，盡量避免由內部員工介紹新人加入，只採用自己單獨面試的人，內部人事逐漸穩定。

11 樓以上，提供高單價、大房型的行政、總統套房，供應不同需求。

外觀、內裝設計皆用心，持續培養忠實客戶

　　浮雲客棧的設定客群不在於服務高端的客人，而是講究物超所值的社會大眾，因此位於 11 樓以下，房型不大但內部功能齊全，11 樓以上，則提供高單價、大房型的行政、總統套房。內部裝潢交由佳群工程有限公司，建築物、庭院景觀與動線規劃交由潘冀建築師事務所設計，入口以挑高門面吸引目光，建築物外立面搭配簡潔量體及深凹窗設計，形塑外觀。材料選用花崗石、烤漆鋁板及條狀崗石磚相互搭配，並利用不同角度切面，構築整體設計。

　　「旅館是需要長久經營的場所，而非打折吸引搶購的消耗品，我認為品牌能在市場上保有價值，最重要的是旅宿本質，是否能讓客人住過一次之後，還想再住第二、三次，培養出一批穩定的忠實客戶。」林志明笑著說道，先透過形象廣告招攬新客戶，並針對已住過的會員做折扣，他們才會感覺賺到。目前他正在為浮雲客棧申請四星級飯店的審核，希望浮雲客棧能夠透過穩定經營，成為高知名度的飯店品牌，未來他將持續發想智慧型旅宿的創新特點，期待為旅客帶來更多意想不到的樂趣。

大浮（圖右）是用來運送備品到房間去，並撥電話給房客提供密碼，等大浮到房間後輸入密碼，箱子就會打開，結束後大浮將退出房間坐電梯回到它的位置。小雲（圖左）則是用來運送行李到房間。

浮雲客棧

布局拓點計畫

```
2014 ———————— 2019 ————————————————▷
             10 月

申請證照        開幕
```

品牌經營	
成立年份	2014 年
成立發源地	台灣台中
首間旅宿所在地	台中市西屯區
成立資本額	約 NT.2 億多元
年度營收	暫不提供
國內／海外家數占比	台灣 1 家
直營／加盟家數占比	直營 1 家
加盟條件／限制	無
加盟金額	無
加盟福利	無

店面營運	
旅宿面積	650 坪
住宿價格	約 NT.2,500 ～ 3,000 元
每月住宿銷售額	暫不提供
總投資	約 NT.3 億元
店租成本	無
裝修成本	約 NT.1 億多元
人事成本	1 個月約 NT.87 萬元
空間設計	建築為潘冀建築師事務所，室內設計為佳群工程有限公司

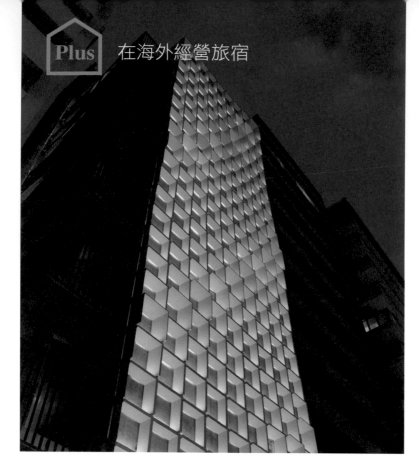

DoMo Hotel 請來監造台中歌劇院的佐野健太設計，蜂巢式外觀與燈光設計拿下世界四大設計獎之一的日本 Good Design Award。

DoMo 民泊集團

旅館服務水平×民宿房間坪數，
成就致勝關鍵

創造旅人在東京的第二個家

文＿田瑜萍　資料暨圖片提供＿DoMo民泊集團

位在東京擁有三棟民宿、一棟旅館的 **DoMo** 民泊集團，是延續
台灣旅遊專業經驗到東京新宿經營的民宿品牌，平均住房率高達
八成，在競爭激烈的新宿區是少見的成功案例，以旅館水準的細
膩服務與集中管理的穩定房源，成功擄獲許多台灣旅客的心！

Brand Data　DoMo 民泊集團在東京共有 DoMo A 西新宿、DoMo J 東新宿、DoMo S 百人町、DoMo HOTEL 與 DOMO CAFÉ，另外台灣有 DoMo 宜蘭，除自身經營物件外，經營 DoMo 品牌的摩境網路科技公司亦有「營運代行」的經營模式，協助有意願出租房屋的業主進行訂房、修繕、收入與客服等管理服務，預計 2021 年底經營房數增加至 200 間並拓展馬來西亞市場，將台灣的民宿旅遊品牌揚名國際。

DoMo 民泊將售出的建案向屋主回租，保有穩定房源，且集中在一棟方便管理。

　　講起經營東京民泊的源由，DoMo 民泊集團（以下簡稱 DoMo）執行長李奇嶽笑說是一段無心插柳又順勢而為的過往。導遊出身本業經營旅行社的李奇嶽，遇上專營日本旅遊的廖惠萍，兩人一拍即合，互相補強業務市場，在廖惠萍發現日本房產市場有很大空間的情況下，開始經營帶團去日本買房的另類旅遊團，就此踏入東京房地產行業，後來成立日本公司買地自建，客戶多是演藝圈名人，像是吳淡如、利菁等人。

　　前首相安倍晉三上台後，日本旅遊採簽證寬鬆政策，觀光人數每年創新高，自 2012 ～ 2019 年的 8 年間成長 4.3 倍之多，加上籌備東京奧運，旅館與

民宿住房率價格破新高房源卻很缺乏,日本政府因此推出民泊法,允許都市內的民宅做住宿使用,李奇嶽看準此商機,向屋主回租已售出的房屋,將整棟房產變更為民宿使用,目前在東京擁有三棟民宿與一棟旅館的 DoMo,一躍成為東京新宿地區最大的民宿業者。

語言與服務是台灣人在東京的致勝決戰力

分享 DoMo 在東京立足的優勢,李奇嶽說,「台灣人在東京做民宿事業,利基點在於台灣服務水平優於大陸人與韓國人,日本旅遊市場將近二分之一的旅客來自華語圈的港澳星馬,因此日本華語人才大缺,目前有許多大陸人與韓國人在日本工作,但論服務水平還是台灣人比較好,加上中文是母語,接待旅客有優勢。DoMo 幹部以台灣人為主,而經由國際訂房平台,有一半旅客來自歐美,台灣人英文能力又比日本人好,可以用流利的英文做基本溝通。」

DoMo 品牌精神是「在東京的第二個家」,李奇嶽分析,民宿大多是散落各處單間出租,整棟房間都作為民宿的好處是可以集中管理、服務到位,旅客大小事舉凡代訂門票、機場接送、生病就醫各種疑難雜症,DoMo 都可以協助旅客處理,房間位於東京最繁華的新宿車站附近,坪數有廚房跟洗衣機較一般旅館房間大,費用卻比旅館便宜還能享有服務,因此累積不少台灣回頭客。

「單純提供居住空間就會陷入比較位置、房間大小跟裝潢新舊的迴圈中,品牌精神貼近到旅館服務等級能跳出自己的特色。」李奇嶽表示,DoMo 已經成為東京當地民宿的領導品牌,連日本觀光廳都相當驚訝外國人能在東京新宿這麼激烈的戰場中做出亮眼成績,「主管民宿的室長(課長)還帶幹部到我們公司參訪。」

（上）內部寬敞空間對旅客來說是一大福音，成為許多帶著小小孩或年長父母的家庭最愛。
（下）DoMo Hotel 的內裝以清水模搭配白色系的簡約設計，除了讓視覺效果清爽，也能避免東京旅館常見的狹促空間感。

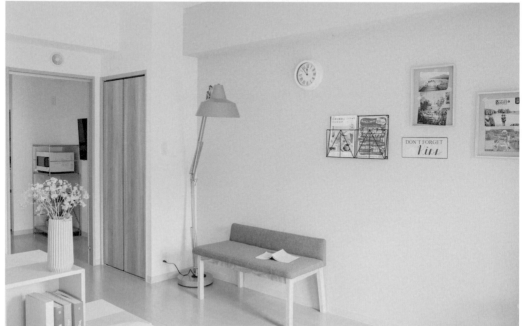

（上）DoMo 民泊增加經營多角化，位在 DoMo Hotel 一樓的 DOMO Café 除了是房客用餐處，也引入台灣設計元素增加特色。
（下）如住家般的格局佈置，有小廚房、洗衣機與乾濕分離的浴室，讓旅客擁有居家生活的便利性。

注重居住的美學讓回訪有不同體驗

　　除了服務，DoMo 也注重房間的內裝與設計，民宿每個房間的佈置都不一樣，根據不同格局運用不同色系，就算同一格局佈置也刻意不同，製造驚喜感。位在東新宿七丁目的 DoMo HOTEL 則與監造台中歌劇院的建築師佐野健太合作，這是佐野健太離開恩師伊東豐雄後的第一個作品，蜂巢式外觀加上燈光設計製造大器感，克服基地只有寬 9.5 公尺、深 7.5 公尺的侷促。

　　旅館前方道路為主要幹道，交通繁忙產生的噪音和振動用安裝 GRC（玻璃纖維混凝土）製成的遮陽板來減少熱量和噪音的傳導，看起來像一個個網格的遮陽板其實是由 216 個 L 形單元組成，看似固定尺寸實際卻是近大遠小，共計有 120 種尺寸，而且每個單元都留有設計間接照明用的燈溝，並計算與光滑表面所產生的反射才能營造出一致感，設計上難度很高，因此接連拿下 2019

DoMo 民泊就算是相同格局的房間也有不同佈置，讓回訪旅客擁有不同的居住體驗，增加新鮮感。

年日本 SKY DESIGN AWARDS 與 2020 年號稱「設計界奧斯卡」的世界四大設計獎 Good Design Award 兩大獎項。

　　提及在日本經營民宿的難處，李奇嶽表示，理解並融入當地文化是很重要的事情，日本人做事很保守封閉，剛開始不敢讓日本廠商知道是台灣人開的民宿，跟工務店與清潔公司溝通都需要由日本同仁出面，不然對方一聽到非日本當地口音都會一口回絕。除了在線上訂房平台與大陸平台合作，DoMo 也積極參加旅展拓展客源，而疫情期間住房率下跌，DoMo 也轉型推出長住方案，爭取因工作或唸書需要隔離的旅客，住房率也能保持六成以上。作為台灣出發的民宿品牌，DoMo 嘗試複製成功經驗多角經營，除了在宜蘭的包棟民宿，去年推出的 DOMO Café 也預計在 2021 年推出台灣旗艦店，實現規模經濟的極大化優勢！

DoMo 集團執行長李奇嶽，他與廖惠萍從事旅遊業多年，深知旅人在異地的種種為難，在日本深耕近十年，盡可能提供在東京旅行時各種問題的解決方案，讓旅人能因為熟悉而安心，在非日常的旅行中享受日常的生活，因此，DoMo 的品牌精神就是「在東京的第二個家」。

DoMo 民泊

布局拓點計畫

2015	2015	2016	2018	2019
DoMo A 西新宿	DoMo 宜蘭	DoMo J 東新宿	DoMo S 百人町	DoMo HOTEL

品牌經營

成立年份	2016 年
成立發源地	台北、東京
首間旅宿所在地	日本東京
成立資本額	NT.9,000 萬元
年度營收	NT.1 億元
國內／海外家數占比	台灣 1 家、海外 5 家
直營／加盟家數占比	直營 5 家、加盟 1 家
加盟條件／限制	面議
加盟金額	面議
加盟福利	教育訓練／行銷／行政管理／財務金流／業務推廣

店面營運

旅宿類型	62 間房與 1 棟包棟民宿
住宿價格	單人房 NT.3,500 元／雙人房 NT.6,000 元
每月住宿銷售額	約 NT.1,000 萬元
總投資	NT.9,000 萬元
店租成本	占營收 46%
裝修成本	占營收 10%
人事成本	占營收 30%
空間設計	不提供

Plus 專訪 DoMo 民泊集團執行長李奇嶽

經營日本旅宿 Q&A

看完前述台灣的各種主題式旅宿，以及 **DoMo** 民泊集團的經營模式，可以知道外出旅遊住宿不再只有入住、退房、休息，更多的是體驗與打造不同的旅遊經歷，不過，若希望將市場拓展至日本，有什麼需要特別注意的地方？以下請 **DoMo** 集團執行長李奇嶽為有興趣經營海外市場的業者解惑。

圖片提供__ DoMo 民泊集團

Q1：在日本開旅宿，真的會賺錢嗎？

A1：保持穩定客源控制成本，旅宿經營的終極賺錢之道。

事業能否賺錢，取決於控制成本與增加客源，在日本開民宿當然可以賺錢，前提是要會經營，因為民宿的物業成本高，日本的人工成本也高，所以住房率也要高才能夠盈利。若採自營模式的民宿，業主投入的時間成本也高，控制成本有效開源節流，一直都是經營的不二法門，保有穩定客源，當然旅宿事業就能夠賺錢。

Q2：想在日本開旅宿，要如何克服文化、語言等不同之處？

A2：理解當地文化善用日本員工，以子之矛攻子之盾。

語言可以靠學習精進，但要能理解文化精髓需要花更長時間，在日本開民宿，公司內最好要有日本籍員工，因為日本是個很封閉的國家，不管是供應商、配合廠商或一些相關往來機構，剛開始合作時最好請日本同仁出面接洽會比較容易溝通推進，因為日本人講話非常曖昧，常常一場會議下來也無法聽懂對方到底答應了沒，常用「回去想一想」做結尾，而這「想一想」到底是什麼意思，就需要懂得當地文化的人推敲，所以就算是自己經營民宿，也需要多多請教當地人，才能了解箇中真正含意。

Q3：有哪些必須遵守的法律規範及法律細節？

A3：尊重日本守法精神，不能擅自以台灣經驗應付。

日本人相當守法，大樓管委會的權力很大，台灣人必須習慣遵守當地的行事規則。例如我們曾經要翻修一間中古屋改為民宿用途，需要把廚房的位置稍加移動，更改水管動線穿過一道隔間牆，但進行工程的工務店（類似台灣工班）一看到要鑽洞便停工，要求取得大樓管委會同意，大樓管委會則要求取得建築師認證簽章，證明對大樓結構沒有損害。如果在台灣，我們會認為這是自己的家，為何不能依照我的意願施工？但日本的管委會相當注重這些外觀與安全問題，即便我們要求工務店逕行施工，但工務店就是不肯，最後還是必須取得建築師認證簽章，完工日期也因此延誤，因此關於民泊法、消防法規等相關法條，都需要了解遵守以免觸法與耽誤工程進度。

Q4：如何判斷合適投資的物件？

A4：購買或租用的成本是最大支出，房價水平也需細細考量。

要判斷的條件很多，很難一一細數，可以去看相關書籍參考。簡單來說，持有房屋的價格成本，也就是買賣房屋的價錢，跟未來營運的收入，要去計算是否達到基礎獲利點？如果房屋是用租的，也要計算投入的租金，因為這是民宿的最大成本。房間的每晚售價要參考附近行情，不然租金太貴沒有收入，降得太便宜投報率低。房間的地點也關係到成本，像是東京蛋黃區的租金高，客源充足，郊外蛋白區租金低但客源就會相對少，除非自己有強大的攬客能力與客源，不然一般人要在東京經營民宿並不容易，對不想花太多腦筋跟時間的屋主來說，找合適的團隊幫忙經營管理是最便利的方式。

Q5：該選擇自己經營還是選擇物業管理公司？

A5：若不能長住，尋找專業團隊經營較為實際。

如果選擇要自己經營，就要有在日本長期居住的打算，民宿是需要親力親為的行業，跨海管理對民宿來說不是可行之道，當地一定要有人能協助處理事情，所以也得慎選合作夥伴，不然就是選擇口碑好的物業管理公司，因為經營民宿是一個工作時間很長、瑣事很多的行業，如果自忖無法處理這些繁雜事物，那就選擇口碑良好的物業管理公司代為處理，對一般人來說比較實際。

Q6：經營海外旅宿需要具備的思考？

A6：民宿業為重資本行業，需準備足夠資金。

在國外開民宿要有好的接待能力、好的行銷推廣，經營民宿絕對不是一個輕鬆的行業，要幫對方解決很多問題，要有抗壓性，一旦開業之後時間就被綁住，接待、打掃、解決疑難雜症、半夜旅客小孩頭痛發燒要幫忙找醫院送急診等種種雜事。在東京買一間 25 平方公尺的小房子約需新台幣 1,000 萬元，如果自己管理另外還需要有個住處，成本會變成兩倍，至少手上要有八間以上的房間可出租才能達到收益目標，民宿業就是重資本的投入，就算租個大房子有其他房間可以出租，每個月的房租都是壓力，還需要有一筆押金，這些是入門者必須具備的認知。

Q7：給想走這條路的年輕人一些意見與告誡。

A7：耐心、細心與接待能力，是民宿從業的先決條件。

弄民宿需要三個條件，本人、本行、本錢缺一不可，不能只憑一腔熱血懷抱美好夢想就貿然前行。首先要好好學外語、有在當地長期生活的打算，本行就是要有接待旅客的專業，當找到好的標的就需要本錢，不管是用買的還是用租的，好好裝修讓旅客住得舒適，拍照上網去招攬顧客，再來熱血接待旅客入住，幫他解說、打理當地生活所需，我本身就是旅行業者出身，對外國事物比較熟悉，也有招待旅客的能力與集客力，這是 DoMo 民泊一開始就能夠上軌道的原因。

CH3

主題式旅宿
設計經營心法

旅宿業相較於手搖飲、咖啡館……等經營，需要投入的成本較高，獲利的速度較慢，本章節切出「旅宿經營策略」與「旅宿設計規劃」兩部分，分別再從「品牌定位」、「旅宿選址」、「營運規劃」、「行銷推廣」、「識別設計」、「網站設計」、「旅宿設計前一定要知道的事」、「主題風格」、「門面設計」、「共享空間」、「動線規劃」、「設備管線」、「客房設計」、「浴廁設計」等面向討論，作為一般人投身旅宿業之前的參考。

專業諮詢_白石數位旅宿管理顧問有限公司創辦人黃偉祥、

　　　　　台北基礎設計中心總執行設計師黃懷德、傅域設計主持設計師傅萩錖、

　　　　　很好設計設計總監高興

資料參考_《微型旅宿經營學》

旅宿經營策略

經營旅宿有熱情，卻沒有商業頭腦往往無法永續經營，業者首先要清楚旅宿的品牌定位是什麼？鎖定客群為學生、商務人士，還是親子家庭？如何結合室內設計、服務流程和標準化內部程序，讓旅宿特色最大化？以下規納出各家品牌的經營策略，提供旅宿業者參考。

品牌定位　#專屬特色 #樹立差異 #開拓客源 #故事包裝

找到主題式旅宿的專屬特色

　　主題式旅宿中所謂的「主題式」代表特色、特徵，而非一般隨處可見，單純提供入住的飯店，必須讓消費者留下深刻印象，帶給消費者不同於日常的體驗。因此，主題式旅宿要找到專屬的特色、特徵，並專注在單一主題，而非將各種主題涵蓋在一間旅宿中，讓人失去焦點，才能帶領消費者融入旅宿的情境與氛圍。像是棒球、科技、情趣、海洋，等各類主題，都能夠成為一種特色。此外，旅宿的裝潢、設計風格、軟裝應用、服務都關乎體驗，因此，這些元素也要和主題有所呼應，並符合消費者的體驗需求。

與其他品牌樹立差異

　　幫品牌找到正確定位是進入市場前的首要任務，如此一來，才能確立目標族群，繼而打動他們的心，以「勤美學 CMP Village」為例，最初在討論市場定位時，他們早已決定要鎖定「旅人」特質的客群，對品牌而言，只有這些願意打開五感，體驗環境、節氣變化的人，才能感悟到勤美學的真正價值，也因此能與其他旅宿品牌做出區隔。

（上）「SOF Hotel 植光花園酒店」主打不做多餘裝修，僅以裸材、光線與植栽，賦予廢墟新面貌。攝影＿王士豪
（下）「勤美學 CMP Village」鎖定「旅人」特質的客群。圖片提供＿勤美學 CMP Village

既有品牌的新延伸，開拓新客源

白石數位旅宿管理顧問有限公司創辦人黃偉祥提到，現有不少五星級飯店為吸引千禧世代的年輕人入住，希望帶動主品牌年輕化，而透過創立風格截然不同的副品牌，開拓既有客群之外的市場。在既有主品牌要發展副品牌時，必須注意品牌的特色與定位，先有鮮明的客群設定，才不會導致主、副品牌混淆。

懂得用故事包裝，讓品牌訴求更鮮明

當新品牌為了突破重圍，進入到市場核心時，也可以加入故事包裝，好讓訴求、理念，甚至整體文化形象更明確。以「Home Hotel 大安」為例，團隊創造出「你在台灣的家」的概念，將中華與原住民文化融入飯店設計，從使用商品到經營者，皆深植 MIT 精神。不過，在故事包裝的同時，別忽略旅宿與故事的關聯性，才能運用故事張力，與旅客建立更深層的連結。

旅宿經營 Tips｜根據定位找到品牌價值

做品牌定位時，一定要跟品牌本身的核心價值產生連結，依循這個價值觀才能依短、中、長期做出不同的決定與規劃，讓品牌永續發展下去。舉例來說，可以從橫向、縱向來思考品牌價值，先以住旅宿的單純行為來橫向思考，從住宿環境到服務，把關好每個環節後呈現給消費者；再從前述環節做縱向思考，進而找到品牌價值。

Home Hotel 將中華與原住民文化融入飯店設計，圖示為以原住民圖騰為設計靈感的抱枕，把原住民裁縫機當作概念而設計的書桌及椅子。圖片提供__ Home Hotel

▎旅宿選址 #交通方便 #目標族群 #物件特色

🏠 以交通方便性來選址

　　黃偉祥認為，大多數旅宿的目標族群都是以觀光旅客為主，因此，選址必須了解周遭的交通便利性。舉例來說，以自由行旅客、背包客為主的青旅，通常都會設立捷運站、公車站附近，甚至是易於抵達的觀光區域。值得注意的是，一定要先確認該區域的客群與旅宿品牌相符合，否則租金再便宜、人流再多，打中的並非客群，也毫無意義。

交通方便性絕對是旅宿選址的首要考量。圖片提供＿ Home Hotel

🏠 找出目標族群再選址

《微型旅宿經營學》一書中提及，創立旅宿前先透過觀光局所提供的公開數據找出選址的潛在市場範圍，篩選出大區域性的觀光客群、國籍分析以及淡旺季的消費變化；接著透過數據預測工具「Prophet」縮小到可服務市場範圍，高流量的比價網站、用戶原創內容（Youtube、Facebook）來挖掘商圈的消費屬性，參考同業的 OTA（Online Travel Agency）產能報告，或是在 OTA 網站上評論的消費者產業來探勘。在開業前，透過這些線上應用可以描繪出目標族群的輪廓。找到目標族群的輪廓後，再以目標族群為中心來選址，像是以商務旅客為主，即可選在辦公大樓林立的信義區。

🏠 以物件的特色文化、故事選址

黃偉祥在《Hold 住你的微型旅宿》內有介紹到台南一間旅宿「微風山谷民宿」，它最大的特色在於建造得很像《神隱少女》裡湯婆婆的家，它的地點在台南偏鄉，但許多人依舊慕名前往。由此可知，如果旅宿極具特色，即使位於遙遠位置，都有人會找到你。

實地走訪感受可能經營旅宿的環境，進而發覺有故事、有特色的建物，以租賃或購入的方式選擇物件，則交通便利性將不是選址最大的考量，像是故事所行銷營運經理劉國沛幾年前友人邀他到九份遊玩，認識了在當地修復老屋的民宿經營者，雙方對於文化保存的理念相符，所以當經營者決定休息時，團隊便接手經營，進而推出「夾腳拖的家－九份山居」。接手管理後，盡可能留下老屋文化，也不斷挖掘山中與對山城有興趣的特色職人、藝術家等故事，將其投放到空間中，同時串聯手作麵包、夜遊等活動，讓旅人能更深度了解該地的文化。

以自由行旅客、背包客為主的青旅，通常都會設立捷運站、公車站附近，甚至是易於抵達的觀光區域。攝影＿ Amily

旅宿經營 Tips ｜ 跟隨厲害同業選址

西門町是各類型旅宿爭相開業的地方，周遭充斥著數百家微型商旅、青年旅館，可以觀察到大型集團飯店周圍通常會出現許多旅宿空間，由此可知，跟著背後具有強大田野調查團隊的旅宿業者開業絕對不會錯，因為對方已經請團隊經過田野調查、行銷估算、可行性分析、比較利益性原則……等，深入探討該區域是否值得投資，因此，觀察厲害同業選址，也能從中獲得益處。

「夾腳拖的家一長安 122」在 2020 年加入奧丁丁集團，為了能深入產業並提供旅人深度旅宿體驗，讓更多當地文化與故事能被看見。攝影＿ Amily

▍營運規劃　#資金分配　#股東單純　#群眾募資　#觀察市場

🔲 資金分配要做好

　　旅宿創業必然要投入一筆龐大資金，因此在創業前期應該做好相關的資金分配，包含：租金、人事、設備、裝潢、水電、備品……等，妥善分配才能逐步讓經營撐過創立期、穩定期，甚至進入獲利期。

🔲 股東成分盡量維持單純

　　旅宿經營分成集團經營與股東投資，以下就股東投資做探討，黃偉祥在《微型旅宿經營學》談到，在興起旅宿念頭並且開始行銷＋業務＋尋找物件的動作啟動時，股東成分的組合和公司的成立、資本額的設立，這些需要多加設想，往往判斷錯誤時，會出現資金缺口而延宕程序。此外，旅宿的股東成分，千萬不要太過複雜，因為人多手雜，導致決議過程相當繁複，時間拉很長，且容易無法全員到齊，難以推進很多具備時效性的決策，決議事項的決定權維持在原先的共同創辦人手上，如此一來，才能加速決議和達成共識。

🔲 旅宿經營形式多元化

　　經營旅宿不再是資金龐大集團的專利，不少小型特色旅宿、青年旅館正如雨後春筍般冒出來，像是「途中國際青年旅舍」創辦人郭懿昌決定創立青年旅館，先成立臉書專頁，透過網路擴散讓大家知道他想做青旅，只要每看一個物件，他就貼文放上配置圖，開始有人給他意見，甚至相約去現場看物件。籌備中間更在網路上發起推動修法、舉辦公聽會，最終以群眾募資的方式，集資到13 位志同道合的夥伴，促成「途中‧台北」的成立。

（上＋下）「途中國際青年旅舍」雖然是以網路募資，但郭懿昌出發點不單單只是為了資金，更希望加入的合作夥伴擁有不同專長背景，也願意投入某種程度的參與或是協助。圖片提供＿途中國際青年旅舍

🏠 隨時觀察市場、及時修正

　　不論是否遭遇新型冠狀病毒肺炎（COVID-19）疫情與否，經營者必須時時觀察市場動向，提前做準備才能防患於未然。以「Home Hotel 大安」為例，品牌行銷總監陸念新 2 月觀察到疫情可能會造成後續旅遊產業營業額的下滑，因此 4 月時決定加入防疫旅館行列，希望這筆收入能支付飯店基本開銷，穩定營收，撐過難關。另外，像是「北門窩泊旅 Beimen WOW Poshtel」為了因應疫情，則透過調整人員排班將三班制改為兩班制，總工作時數不變下，以照顧旅人的一切安危與需求。

「北門窩泊旅 Beimen WOW Poshtel」為了因應疫情，將旅店空間釋放出來，舉辦各種異國體驗活動。圖片提供＿北門窩泊旅 Beimen WOW Poshtel

「Home Hotel 大安」團隊決定加入防疫旅館行列，希望這筆收入能支付飯店基本開銷，穩定營收，撐過難關。
圖片提供＿ Home Hotel

旅宿經營 Tips ｜ 培養長久經營力與實力

旅宿並非短線投資，黃偉祥在《微型旅宿經營學》一書中提到，實力可以視為對外有好的顧客回饋，被消費者所喜愛；對內則是有系統的標準作業程序和有方法的行銷業務模式；而長久經營力則是在大市場多數競爭對手業務趨緩的狀況下，旅宿還可以維持不錯的每間可售房收入。因此業者應該定期檢查旅宿服務品質與更新設備，適時地增強競爭優勢。

▌行銷推廣

`#與眾不同` `#沉浸體驗` `#曝光平台` `#訂房網站` `# SEO 關鍵字`

● 軟體＋硬體＋數據，找出主題式旅宿的「梗」

《微型旅宿經營學》一書強調，行銷設計正是軟體＋硬體＋數據的產物，這三大重點不是單獨發展，而應該是相互加乘應用：硬設計則包含所謂的建築與室內設計，軟設計即包含所謂的服務流程和標準化內部程序等；數據設計則是包含了線上訂房操作、顧客關係統計、控房軟體應用、渠道控管工具、收益管理工具……等。

然而，比硬體設施早就過時，現在是比「梗」的時代，在旅宿創業前，就要先設想這個地點、這個物件，要以什麼樣的行銷方式吸引客人，例如網路廣告布局、經營社群網站，進而挖掘未來的房客或發現潛在的目標客群。

● 舉辦活動、展覽，運用「沉浸式體驗」深度旅遊

房間的價值只有一天，該如何讓空房的價值極大化？創造空房利用率，正是眾多旅宿業者突破傳統思維的途徑，「北門窩泊旅 BeimenWOW Poshtel」自2019 年起就陸續舉辦中東系列主題講座，從文化、旅行、飲食、國際趨勢等各種觀點帶人們體驗中東之美。

「HomeHotel」則是從 2016 年推出「與設計共眠」活動，2018 年結合孩在 Hi! Kidult，推出立體式展覽「13 個房間創作藝術節」，2019 年甚至與驚喜製造團隊共同打造出榮獲紅點設計獎的「微醺大飯店」。除了室內的「沉浸式體驗」，若希望走出戶外，「勤美學 CMP Village」憑藉地理位置優勢與特殊經營模式，跳脫常人對於觀光露營的想像，企圖挖掘在地人文與生態環境，親自住一晚，除了獲得平靜放鬆，更能重新體驗人與彼此、自然之間的美好交流。

（上）在「勤美學 CMP Village」的山那村可以體驗到在地文化與人的關係。圖片提供＿勤美學 CMP Village

（下）「勤美學 CMP Village」憑藉地理位置優勢與特殊經營模式，跳脫常人對於觀光露營的想像，更能重新體驗人與自然之間的美好交流。圖片提供＿勤美學 CMPV illage

■ 為在地品牌提供曝光平台，和國際接軌

　　旅宿不再只有單純住宿的意義與價值，而是提供一個能讓設計師、品牌展露作品的平台，透過傢具、備品、裝飾藝術品的挑選，讓設計單品成為旅居生活的一部分。像「Play Design Hotel 玩味旅舍」在每一間房間裡，都配置至少20 位設計師的單品，小至筆筒，大至沙發、茶几皆能看見台灣設計師的巧思以及對於傳統工藝的傳承意志。「Home Hotel」飯店內皆使用台灣品牌，比如沐浴品牌「茶籽堂」、傢具品牌「有情門」……等 300 多個 MIT 品牌，期待讓世界發現台灣設計產業的實力，進而與世界接軌。

■ 利用 OTA 線上訂房平台增加曝光度、訂房率

　　《微型旅宿經營學》一書中提到，除了將旅宿資訊置入 OTA 線上訂房平台外，還要活用「收益管理」，收益管理指的是利用不同時段的價格差異化和折扣分配實現收益最大化的管理模式。懂得適時拉高價格、砍低價格，或是操作早鳥特價，提前關房、排除優惠，才能增加曝光度、訂房率。

　　不過，黃偉祥也告誡旅宿業者必須拿捏 OTA 與官網訂房的比例，才不會導致官網無人訂房。懂得提升官網訂房率的業者，都會標示出「官網最優惠」，不單單是住宿費便宜，而是祭出提早入住、延遲退房、免費升等……等優惠，但透過 OTA 則沒有這些優惠，以做出渠道區隔。

■ 做對 SEO 與關鍵字規劃

　　除了利用 OTA 線上訂房平台串聯旅宿網站之外，透過搜尋引擎優化行銷策略：關鍵字搜尋廣告（Google Ads）、SEO 搜尋引擎優化，將能提升網站搜尋結果頁排名。SEO 是什麼？透過長期對網旅宿站的經營與改善，讓搜尋引擎認為網站主題性夠強，內容品質夠好，而導致搜尋引擎主動將旅宿網站推薦到

懂得適時拉高價格、砍低價格，或是操作早鳥特價，提前關房、排除優惠，才能增加曝光度、訂房率。攝影＿ Amily

搜尋結果的前幾名，這個過程稱為 SEO（Search Engine Optimization），也就是「搜尋引擎最佳化」。

　　值得注意的是，在 Google 搜尋引擎上看到網址前面有顯示「廣告」的字樣必須額外付費，要經由 Google Ads 投放關鍵字廣告才會出現。而自然搜尋結果則是經由搜尋引擎上演算法，排序出認為對使用者有幫助的搜尋結果，不能透過付費方式將網站排名往前。由此可知，只要進行關鍵字研究，找到對宣傳旅宿最有益的關鍵字策略，將能在搜尋引擎搶得先機。以下列出基本 5 步驟，讓旅宿業者在設計旅宿關鍵字能有所依循。

基本 5 步驟，設計關鍵字

第一步：確定旅宿主要目標客群及品牌市場定位

第二步：根據搜尋旅宿的前中後歷程、動機訂定基礎關鍵字

第三步：根據旅宿主要關鍵字延伸出其他相關關鍵字

第四步：剔除不符合旅宿受眾／市場／產品的關鍵字

第五步：決定旅宿關鍵字的重要性，再進行關鍵字規劃與優化

OTA 上的照片像素要高，角度要客觀，取景要專業，而設施設備的登錄要重複檢查再檢查。攝影__ Amily

旅宿經營 Tips｜**OTA 上的內容務必正確**

OTA 的上傳內容是否正確？其內容包含：地理位置、熱門景點、交通位置、照片、簡述、設施設備與取消規定……等。OTA 上的照片像素要高，角度要客觀，取景要專業，而設施設備的登錄要重複檢查再檢查，一些以代銷模式銷售房間的 OTA 可能還會標錯地理位置，黃偉祥建議旅宿業者一個個進去檢查，免得引發糾紛，另外熱門景點和交通位置也可以和 OTA 溝通以旅宿的需求來客製化。

旅宿設計規劃

> 旅宿的設計規劃中，觸及的面向相當廣泛，除了空間設計之外，品牌之間的識別設計，如何讓 LOGO 與品牌更有連結性且印象深刻？如何透過網站設計結合旅宿的特色、房型、地理位置，延伸串聯？以下將針對旅宿的「識別設計」、「網站設計」、「旅宿設計前一定要知道的事」、「主題風格」、「門面設計」、「共享空間」、「動線規劃」、「設備管線」、「客房設計」……等各種面向一一說明，快速掌握旅宿設計規劃重點。

▌識別設計　`# LOGO 清楚`　`# 整合主視覺`

◆ LOGO 設計簡單易懂、清楚明瞭

　　LOGO 有圖像、文字的型態，而旅宿業尤以文字 LOGO 為主，被設計過的字體建議粗一點，能讀懂、清楚明瞭，識別度高，才更容易行銷傳播出去。每間旅宿都有其特色，因此業者必須非常了解自家特點，可將設計師當成旅客，介紹整體環境，舉例來說，一間旅宿空氣新鮮、能聽到鳥叫聲等，此時設計師可以將文字轉換成視覺，在名稱旁加上幾隻小鳥，多了一層意義與故事，就成為有記憶點的 LOGO；而旅宿內若是有深植人心的儀式感體驗與服務，搭配 LOGO 會更有連結性且讓人印象深刻。

旅宿內若是有深植人心的儀式感體驗與服務，搭配 LOGO 會更有連結性。圖片提供＿很好設計

⬛ **LOGO 結合房卡、網站設計，整合主視覺**

　　LOGO 設計做得好，能清楚建立品牌識別，加深消費者對品牌印象，且能快速將想傳達的訊息傳送到他們的腦海裡，建議在設計上以簡單易懂的設計為主，好記又能讓人過目不忘。設計 LOGO 時，除了品牌名稱之外，還須考量哪些元素要被濃縮進有限的 LOGO 範圍中，建議可將字體、形式、圖像、顏色、版型，做有規劃的設計配置，以加深記憶。此外，也建議將品牌價值、企業形象、特色一併融入，讓人能從中了解品牌希望傳遞的宗旨。

　　很好設計設計總監高興指出，設計出的文字 LOGO 除了作為旅宿招牌，也可置入房卡、網站，但若要強化視覺，單憑 LOGO 本身是無法提高旅客印象。由於人們對顏色的記憶比圖像快速，因此使用文字 LOGO 時，須搭配一致的顏色，並將其置入網站、宣傳品等，可訓練旅客記憶。舉例來說，UNIQLO 的顏色是紅白，雖不見得所有人都記得 LOGO 的模樣，但對顏色卻有鮮明印象。因此，旅宿業者在裝修各個區域時，要將顏色考慮進去，一旦確定整體主色系後，別一下藍、一下綠，房卡又用紅色，導致旅客眼花撩亂，記憶點薄弱。

（上＋下）設計完 LOGO 後，將名片、網站、房卡、入口標示，由主視覺定調後一併統整設計。圖片提供＿北門窩泊旅 Beimen WOW Poshtel

「二八樹巷旅宿」在旅宿外立面結合 LOGO 圖像，加深品牌辨識度。圖片提供＿二八樹巷旅宿

旅宿設計 Tips ｜ 確認商標版權，以免侵權

業者應先確認旅宿名稱是否已在市面上使用，建議可多命名幾個，再請商標律師事務所查詢，以免侵權。此外，許多業者會參考坊間 LOGO，希望擷取部分元素設計，但每間旅宿的風格與目標客群不同，設計師還是會依照該旅宿的特點轉化成專屬它的 LOGO；因此，業者須做足功課，即便是枝微末節的小事也要提出討論，因為這些都將成為設計 LOGO 的靈感。

網站設計　`#建立官網` `#基本架構` `#吸睛巧思` `#串聯品牌`

建立官網，成為品牌與消費者最首要的溝通

面對百花爭鳴的旅宿市場，要如何讓消費者發現品牌，除了建立自家的社群網絡（如：Facebook、Instagram），另也一定要架設官方網站，好讓消費者在尋找旅宿品牌時，能先透過網站了解旅宿空間的特色、房型、地理位置……等，進而串聯其他平台做住宿的訂購。

文字與圖片都是旅客想像入住的依據與情境，讓點進網站的同時，有了入住的想望。圖片提供＿北門窩泊旅 Beimen WOW Poshtel

旅宿網站基本架構

網站是民眾第一次接觸旅宿的入口，特色越鮮明，越能吸引人下訂。架設旅宿網站最基本的選單一定要有地理位置、房型介紹、設施等，尤其房型介紹須標示出房內附加設施與備品，如有無鹽洗用具等，越詳盡越好。而業者若能勤於維護網站，可製作最新消息的區塊，公

找出旅宿的鮮明特色，將其轉化成設計，在網站首頁就先吸引民眾眼球。圖片提供＿很好設計

告活動或優惠等訊息，但校長兼撞鐘的老闆則不適用，以免訊息過時多年，導致網站扣分。而根據不同的旅宿型態，網站呈現也會有差異，如緊鄰夜市的民宿，重點應多放在介紹夜市位置、美食等，並多拍夜市照片放進網站，方能彰顯其優勢。

🏠 透過設計讓旅宿網站更吸睛

　　網站重點主要是呈現旅宿的服務內容和特色，根據其優勢，搭配動畫特效、插圖，甚至還能創造吉祥物來豐富視覺。例如，「開封傳舍」位在景點附近，其網站採用清明上河圖式的視覺敘事，來展現強勢的地理位置，進而帶出設計主視覺。又或者「雲鄉溫泉山莊」特色是溫泉，創造了溫泉饅頭人的角色作為網站先導，吸引親子客的目光。而位在南投的「明琴清境」，因四周雲霧環繞，網站開場就是以雲霧繚繞的寧靜之美，告訴民眾這裡有壯觀雲海、親近高山自然。因此，讓設計師更了解旅宿的特點與環境，方能量身打造最吸睛、獨特的網站。

適時創造吉祥物的角色，不僅為網站注入活力，更為旅宿增添趣味。圖片提供＿很好設計

🏠 OTA 線上訂房平台當道，品牌如何串聯更重要

　　由於鮮少有消費者是直接實地查看才訂房，因此網站是旅宿業者絕佳的行銷工具，也是影響住房率的重要關鍵，不過，當今消費者十分精明，OTA 線上訂房平台、比價網站全數看過一輪後，再精選出幾間價格、風格達到標準的旅宿，於官網確認照片是否相符，價格是否更優惠，最後才願意下定房間。

　　在官網上呈現出不同於 OTA 線上訂房平台的制式介面，文字與圖片都是旅客想像入住的依據與情境，讓點進網站的同時，有了入住的想望。此外，除了串聯 LOGO 在官網設計上，使用能針對不同螢幕大小來調整網頁內容的 RWD 響應式網頁設計，將能兼顧電腦與手機用戶的使用便利性。

旅宿網站的房型分類非常重要，須標示清楚，以免旅客入住後與照片不符，引發客訴。圖片提供＿很好設計

旅宿設計 Tips ｜ 別在網站上置入不實照片

業者提供的照片，設計師基本上都會以不失真為原則來進行修圖，但不能過度美化，也不能放上旅宿沒有的房間或設施，甚至拍攝不實照片誤導民眾，例如腳伸進溫泉煮蛋區等，如此將引來消費糾紛。另外，房型分類也相當重要，由於旅客最擔心的是入住與照片不符，因此可依雙人、三人、四人房先在網站分類，倘若是不同類型的主題房就要放上每間照片，若是房間大同小異，則可在網站上標註。

▌ 旅宿設計前一定要知道的事

#多方考量 #安全第一 #旅宿設計師 #調整彈性 #相關法規

● 設計前盡可能考慮多一些

　　旅宿空間是屬於家和工作場所以外的第三空間，它是一個人在裡面不會感到拘束，不用在意複雜的人際關係，也不需要小心翼翼拿捏扮演角色的尺度分寸，是能放鬆心情、自在相處，沒有壓力地誠實面對自己的空間。這樣的空間不只要具備功能性，同時要營造出令人輕鬆舒適的氛圍，還要能提升經營效益維持營運，因此在整體設計規劃上不單是考慮流行美學，必須考量各個層面，才能創造出一個好的旅宿空間。

　　台北基礎設計中心總執行設計師黃懷德認為，在進行空間設計前，必須先有明確清楚的未來營運方向，訂出近期、中期、長期的計畫，才能反推要如何規劃符合需求及預算的設計。考量自身經營方向之外，參考國內外同業的經驗也是在設計開始前需要做的功課。國際上有哪些飯店有創新的概念？提出哪些特別的服務？又有哪些成功和失敗的案例？當地條件或目標族群的分析，都是值得納入評估條件中的一環。在正式進入空間設計前，釐清這個旅宿空間跟其他飯店、旅館的差異是什麼，又可以做哪些在地化的調整，再透過設計將有限資源發揮到最大值。

在空間中製造一些驚喜和細節，讓人們願意停下腳步多看一眼，拍張照片留念或打卡。圖片提供＿ TBDC 台北基礎設計中心

🏠 安全考量永遠是第一位

只要跟人有關的空間，安全性絕對是最重要的第一考量，旅宿空間也不例外。設計師黃懷德表示，目前政府對於飯店旅館的裝修設計都有很明確的規範，只要遵照法規按部就班，並不會有太大問題，但由於每個空間的先天條件不同，除了基本的消防安全、用電量計算、無障礙設計等，建議在初期會勘時所有相關的專家技師就要一同到場，針對不同項目進行評估，了解空間結構本身的難題，條列出需要解決的問題，全盤檢視後以設計去進行改造，讓它滿足旅宿空間安全上的條件。

以位於台北華山 1914 文創園區旁的「天成文旅－華山町」為例，空間前身為第一銀行所屬倉庫的老建築，不只有採光、通風、漏水嚴重的問題要一一解決，無樑板的建築結構對於設備承重力的不足，更是需要謹慎處理的安全議題。因此在一開始會勘就請結構技師進行仔細檢查，將結構柱體內部全部加粗增強承重力，並符合規定耐震等級，也將蓄水池從常見置放的頂樓搬遷到一樓，經過美化後成為空間設計中的一部分，安全無虞也兼顧美感。

「天成文旅－華山町」一開始會勘就請結構技師進行仔細檢查，將結構柱體內部全部加粗增強承重力，並符合規定耐震等級。圖片提供__ TBDC 台北基礎設計中心

◆ 優先選擇曾設計過旅宿的設計師

　　白石數位旅宿管理顧問有限公司創辦人黃偉祥建議，盡量找有設計旅宿經驗的建築師（設計師）打造旅宿，因為即使是做過很多商業或住宅案的設計師，對於旅宿的動線或規劃依舊需要花時間摸索，畢竟旅客只是短暫停留而非永久居住，要以旅客的角度來思考空間設計，舉例來說，房間入口經常出現設計太高的門檻，導致旅客搬運行李不便，同時會發出聲響吵到隔壁房客，其實許多介面與介面的接合、小細節的設計反而是旅宿業者經常忽略的地方。

　　以「艸祭 Book inn」為例，進入女性專屬的女朋友房之前有個小玄關，可以在此換上室內拖鞋入內，櫃子的門片加裝緩衝回彈裝置，關上鞋櫃時不會發出巨大的噪音，避免影響到其他住客。

◆ 確認老屋是否為高危屋

　　傅域設計主持設計師傅菽駬提到，九二一大地震之前的老屋，沒有防震係數的規劃，若遇到 6 級以上的地震，可能會有坍塌之虞，想判斷其安全性可觀察樑柱有無裂縫，一旦有縱向或 X 形狀裂縫及其他牆面有 0.2 公分以上的細縫，甚至出現樑柱鋼筋外露的情形，皆建議請專家評估。若遇到重裝潢的房子，把牆、樑柱全都遮住，因觀察屋況有難度，故須多加留意。此外，也要當心買到地震高危險屋，可從建物外觀判斷結構是否老舊，並透過儀器計算有無傾斜，一旦房屋傾斜率超過 1/40 就需拆除新建；若想知道房屋是否位在斷層帶，可上「經濟部中央地質調查所：台灣活動斷層網」（https://fault.moeacgs.gov.tw/Gis/Home/pageMap?LFun=1）查詢。

台灣活動斷層網

一旦有縱向或 X 形狀裂縫及其他牆面有 0.2 公分以上的細縫，甚至出現樑柱鋼筋外露的情形，皆建議請專家評估。圖片提供＿傅域設計

🏠 需讓空間具備調整彈性

　　相信每個旅宿空間都朝向長久經營為目標，不過隨著時間流轉，旅宿空間的設計難免會要與時俱進跟著調整，因此這也是在設計前要一併考慮的因素。設計師黃懷德指出，以務實層面來考量，旅宿空間必須具備調整彈性，通常設計會先以滿足近期、中期的營運規劃為主，盡量減少施作固定的設備，以視覺或軟件來取代傳統的裝修，未來不用大動土木就能重新變化樣貌。

> ### 旅宿設計 Tips ｜ **盤點老舊設備再活用**
>
> 現在許多旅宿都以老建物改裝打造，在保有原有建築味道和開創新旅宿風格之間的平衡下，設計前也得要下番工夫搜索盤點舊有設備，像是外牆剝落的磁磚要如何不突兀地替換、舊有的門框窗櫺要怎麼運用融入旅宿中，都是設計前就要思考好的事情，有計畫地拆除，讓減分變成加分。

保有原有建築味道和開創新旅宿風格之間的平衡下,設計前也得要下番功夫搜索盤點舊有設備,有計畫地拆除,讓減分變成加分。圖片提供__ TBDC 台北基礎設計中心

確定該區用地、建築物是否能合法經營旅宿,並進行市調,定位旅宿主題。圖片提供__傳域設計

計算逃生動線時,樓面任一點至主要樓梯口之步行距離,不得超過 50 公尺。圖片提供__傳域設計

旅宿設計 Tips | 改裝旅宿前的注意事項

先確定其所在地內能開旅宿,以及買來的建築物是合法的,不要最後才發現該區在都市計畫內無法經營,或是根本不能建造,到頭來不僅白忙一場,還血本無歸。此外,並非買了一間建物就能經營旅宿,須有一定的規模與房間數才能開設旅店。改裝前要先檢查房屋結構,進行市調後決定旅宿風格,並計算投資報酬率、設計房間數、選擇材料,改裝後則須符合逃生動線的規範,才能合法經營。

▌主題風格　#全時營運　#打動人心

全時營運成為設計新趨勢

　　從國內外的旅宿案例中，不難發現旅宿風格也有所謂的流行性，但設計師黃懷德認為，主題風格不應盲目追求流行，尤其現今受到景氣、疫情等因素影響，傳統以提供旅客住宿為主的營運模式已經改變，旅宿空間轉化為更具多元用途的角色，並且成為當地的一份子，成為社區的中心服務在地居民，這種「全時營運」的經營概念，成為旅宿空間在定調設計風格主題時的新觀點。

製造能駐足停留的打卡點

　　一個旅宿品牌的定位，不僅囊括了品牌精神，亦與客群、年齡層、性別等各種因素息息相關，因此將主題風格定位著重在與消費族群對話，才能走得長久。主題風格要如何能跟消費族群有所互動？很重要的關鍵在於「打動內心的點」，在空間中製造一些驚喜和細節，讓人們願意停下腳步多看一眼，拍張照片留念或打卡，在無形中塑造了屬於這間旅宿才有的特色，即使多花一點費用也樂意，而不是淪陷在價格戰的惡性循環裡。

在空間中製造一些驚喜和細節，讓人們願意停下腳步多看一眼，拍張照片留念或打卡。圖片提供＿ TBDC台北基礎設計中心

「天成文旅—華山町」將重點放在兩個入口的日夜關係，讓企業識別系統扮演重要的角色，在夜晚有不同顏色的光線變化，其餘部分避免過多的拆除，利用掛旗與裝置藝術的部分呈現。圖片提供＿ TBDC 台北基礎設計中心

旅宿設計 Tips ｜ 將風格主題在地化

過往每當有新的旅館或飯店開幕，大眾期待的多半是它帶來沒有看過的外觀設計，或是酷炫的燈光效果，吸引世界各地的人來旅行朝聖住一晚，然而隨著疫情爆發無法出國旅行，旅宿的消費族群結構也隨之改變，新奇的設計不再是主要重點，反而要思考旅宿空間如何配合在地居民的特質、習慣在地化，讓更多當地人願意走進來，在遊客銳減的情況下也能繼續營運。

▍門面設計

`#同中求異` `#分流動線` `#商品展售` `#無人櫃檯` `#呼應主題`

🏠 做出和左鄰右舍的差異性

　　旅宿的大門既是門面也是第一印象，要從各個角度看都吸睛明顯，就得製造亮點。設計師黃懷德以「天成文旅—華山町」舉例說明，旅店的入口有兩個，一個是位在忠孝東路上的獨立入口，一個剛好位在兩旁都有其他店家的八德路上，兩個不同屬性的入口，在設計上個別需要做出讓眼睛為之一亮的區隔性。獨立入口先是利用 Logo 燈箱吸引目光，牆面以燈帶作為上下分界，進入大門的走道用鏽鐵壁面搭配金色 Logo 明確展現品牌意象，並運用燈光打法製造層次感；另一個入口則以大面掛旗、大型代言角色公仔作為與相鄰店家的差異化，同中求異一樣能成功抓住人們的眼球。

「天成文旅—華山町」的獨立入口先是利用 Logo 燈箱吸引目光，並運用燈光打法製造層次感。圖片提供＿ TBDC 台北基礎設計中心

設置等候空間分流動線

設計師傅菽騁認為，在等待辦理 Check in/out 時，若沒有設置等候空間，動線分流不清，容易造成旅客與工作人員不便，甚至引起客訴，而等候空間的規劃不僅突顯該旅宿的用心程度，也能引導旅客離開主要幹道。若想進一步創造休閒氛圍，可利用燈光營造；或者本身若擁有天然景觀（如海、湖泊、草原）的優勢，亦可做整片落地窗，成為遊客欣賞美景的最佳視野；抑或自行造景，例如水池、打造壯觀書牆等，甚至在等候區放台自助咖啡機、果汁機等，還能緩和旅客等待的煩躁感。

大廳展覽區讓等待變有趣

一般進入旅店大廳就是一條長形的接待櫃檯，大家或坐或站有點無聊地在這裡等著 Check-in，但「天成文旅—華山町」的大廳設計卻讓等待變成一件有趣的事。雙櫃檯的設計能有效將人潮分流，櫃檯後方規劃為展覽空間，等待時可以走到展區藉由展覽作品認識台灣；櫃檯的側邊則是旅宿商品展售區，讓旅客不管在入住前或退房時都強化對旅店的印象，也順勢提升銷售機會。而這個大廳的展覽空間同時也對外開放給當地民眾入場參觀欣賞，不僅服務社區也增加了人與人之間的互動交流。

等候空間大多會設置沙發座椅，亦可擺些書與小物，轉移旅客等待的焦躁感。圖片提供＿傅域設計

櫃檯的設計能有效將人潮分流，櫃檯後方規劃為展覽空間，等待時可以走到展區藉由展覽作品認識台灣。圖片提供＿ TBDC 台北基礎設計中心

🏠 無人櫃檯漸成趨勢

　　櫃檯是旅客辦理入住的首站，除了工作人員貼心周到的服務外，具有設計感的背景也能令人印象深刻。例如台南安平的「大員皇冠假日酒店」，其櫃檯後方的橘紅色牆面就是由一張張不同顏色的紙，摺成波浪狀後疊砌起來，經由燈光照明，格外壯麗。不過，智慧旅宿的崛起，使得無人櫃檯漸成趨勢，少了櫃檯設置的空間，除縮減人事成本外，更相對擴大接待大廳的使用範圍，像是親子民宿「安平倆倆」直接捨棄櫃檯，將重點放在孩子自由玩耍的大廳空間。因此，櫃檯的設置與否，經營者須在前期就定位好主題性，才能設計出獨一無二的個性旅宿。

有質感的櫃檯背景牆令人印象深刻，像是英文排列的格子設計，放些擺設，提高吸睛度。圖片提供＿傳域設計

🏠 大廳設計呼應旅宿主題

　　步入大廳的瞬間，旅宿的第一印象就大致底定，因此確立旅宿主題，呼應了大廳的整體設計。一般來說，有特色的建築物，可藉此加強整體風格，例如三合院外觀的民宿，搭配傳統古式大廳空間，使其湧現濃濃的懷舊風情。倘若建物平凡也無妨，可賦予其故事性，這時業主的想法、喜歡的事物將成為設計師裝潢旅宿的靈感，像是台南「啤酒花大酒店」以「啤酒」為主題，在一樓大廳設置運動酒吧，提供各國精釀啤酒，有別於正規飯店旅館業者，極具特色的亮點吸引特定族群朝聖。

旅宿設計 Tips | 打造會說故事的門面

門面是將業主抽象的想法、經驗、興趣等，付諸成與眾不同的具體化設計，藉此吸引旅客目光。像是「安平俩俩」抓住台南安平當地樹屋的特點，門面以樹洞方式呈現，趣味性十足。反之，以童話故事作為主題，容易被模仿而失去獨特性，最終將淪為改裝的局面。另也建議不要做跟隨當時潮流的設計，像是先前流行的格柵，太多人使用以致於失去新奇性。因此，打造會說故事的門面，才是旅宿永續經營的重點。

（上）接待大廳的設計呼應旅宿主題，「安平倆倆」打造具童趣的空間，溫馨感十足。圖片提供＿傅域設計
（下）「安平倆倆」搭配當地特色，以台南安平樹洞作為旅宿主題，頗有趣味。圖片提供＿傅域設計

🏠 燈光材質運用

　　設計師傅菽駖認為，營造氣氛並不一定要花大錢裝潢，利用燈光與簡易建材，也能打造出質感效果。例如恆春「橘月民宿」的菱形門面，以一定比例的水泥與鋼筋混合建造成菱形磚紋，透過日照引入光線，使得旅客從早餐開始就能欣賞菱形立面與庭院麵包樹影子編織而成的光舞，各個時段皆有不同光景，畫面很是浪漫。此外，利用鏡面材質搭配燈光反射，亦能創造出獨特情調，以「啤酒花大酒店」為例，其牆面到天花板均利用鏡面拼貼而成，輔以昏黃燈光照射，金黃璀璨的炫目視覺，正好呼應啤酒的金黃色澤，亦詮釋出旅宿特點。

利用水泥鋼筋作為菱形門面，搭配日照投射影子到地板，舞動的菱形光影格外迷人。圖片提供＿傅域設計

照明設計可隨用途調配

旅宿空間的燈光設計可分為情境與功能兩種用途，藉由光線的明暗和安排的位置，能製造空間氣氛和達到引導作用。設計師黃懷德進一步說明，燈光設計在情境上主要是以人的移動安全為主，利用燈帶提醒階梯的高低差、入口處，或是樓梯及走道側邊的間接照明指引行進方向；在功能上則視營運項目而調整，像是當空間舉辦展覽時，燈光以投射在作品上為主、進行手作課程時，燈光集中在工作區域、變身為酒吧或餐廳時，燈光又較為分散製造亮暗層次，總結而論，所有燈光設計的出發點都因應需求而變化。

利用燈帶設計提醒入住旅客階梯的高低差、入口處，或是樓梯或走道側邊的間接照明指引行進方向。圖片提供＿ TBDC 台北基礎設計中心

旅宿設計 Tips ｜ 不提供沙發座位的巧思

接待大廳最常見的傢具配置就是讓旅客們坐著等待的沙發，但在「天成文旅－華山町」的 Check-in 櫃檯區看不到沙發，這樣的設計目的就是希望大家不要坐著發呆或滑手機，可以隨意至展覽區或商品區走走，人與人和人與空間能互相交流，讓科技冷漠的世界有更多互動。

█ 共享空間 `#互動交流` `#多元用途`

🔲 理性與感性共存的空間

　　旅宿中的共享空間早已不同於過去，設計師黃懷德認為真正的共享空間應該是有人味溫度、理性感性並存的地方，因此旅店的共享空間必須打破在飯店裡隔一間健身房、一間會議室這樣的制式規劃，將牆面和界線推翻，讓空間同時具備辦公室的功能和咖啡店的氛圍，在這個複合式社交空間裡，人與人之間能真實互動，而不再只是獨來獨往各自進行活動，彼此沒有交流。

🔲 以好移動的軟件多元運用

　　好的共享空間的另一個條件是用途多元化，讓空間能隨時因時制宜調整成需要使用的形式。從「天成文旅—華山町」的餐廳來看，除了提供餐點之外，它也身兼舉辦演講講座、新品發表會、記者會、廣告拍攝場景等多工用途，因此在設計上盡量運用移動便利的軟件符合不同需求，傢具也採長形、方形的訂製傢具為主，藉由組合可能性多元的規格提升空間變化性。

「天成文旅——華山町」的餐廳，除了提供餐點之外，它也身兼舉辦演講講座、新品發表會、記者會、廣告拍攝場景等多工用途。圖片提供__TBDC 台北基礎設計中心

旅宿設計 Tips ｜ **利用時段切換發揮最大效益**

共享空間在沒有被使用時，很容易就成為閒置空間，建議可將
共享空間以時段區分用途，例如用餐時間是餐廳，晚上是可以
小酌的酒吧，其他時段則可視情況成為各種活動場地，讓共享
空間發揮最大使用效益。

建議將共享空間發揮最大使用效益，以「夾腳拖的家—長安
122」為例，將餐廚空間規劃成用餐及辦公空間。攝影＿ Amily

「Star Hostel Taipei Main Station 信星青年旅館」的共享
空間以木結構搭建木樓與和室，讓公共區域不僅是單一排列著桌
椅，更形成各種半隱密的小空間供旅人獨享。攝影＿ Amily

▌動線規劃 #區隔動線 #停留樂趣

⌂ 旅客、貨物、服務三動線區隔

　　設計師黃懷德表示，旅宿空間的行走動線一般可分為旅客移動、貨物運送、服務人員進出三條，這三條動線必須有所區隔、互不干擾，簡而言之就是旅客從大門入口進出，服務人員有另一條後勤路線通往辦公區或休息室，貨物則有專門的貨梯不與客梯共用，這樣的動線區分不僅將人員和貨品分流，不影響彼此運作，也帶來更舒適的住宿環境及服務品質。

　　設計師傅菽馨提到，旅宿櫃檯後方多會設立辦公室，以隨時滿足旅客需求。若在資金或空間有限的情況下，無法進行區域動線的分流時，設定管制時間是最常使用的方式，例如規定 11 點退房就是用時間作為段點，這時旅客皆已離開，清潔人員就能使用客梯至各樓層清掃房間。另外，餐廳的分流也很重要，從大門進去會有兩條動線，前面是客人用餐空間，後面則是進貨區，明確的動線區隔，可提升旅客用餐的舒適度。

可利用時間作為段點來進行分流，避免旅客與工作人員搭到同台電梯。圖片提供＿傅域設計

旅宿設計 Tips ｜ **動線規劃得宜，提高服務機動性**

除了旅客動線與工作人員的服務動線要分流，辦公室位置最好設在櫃檯後方，以提高服務旅客的機動性。而無論是旅客使用的休閒區域或清潔人員的置物區，其位置要以方便拿取與收放為原則。另外，安裝工作區域的門時，以推拉門取代自動門，因自動門若感應不良，不僅造成手拿行李的旅客或工作人員的不便，還有夾到人的危險，應特別留意。

營造趣味性的停留點

好的動線設計能為旅宿空間加分，若是人們停留的時間增加，也會進而提高消費力，因此要如何營造情境，強化對空間的印象，就是設計上重要的課題。設計師黃懷德認為第一步要在動線上思考如何提供多點互動及樂趣，讓旅人在走動時願意停下腳步逗留；再來則是將原有的歷史元素融入至新空間中，比方說像「天成文旅－華山町」保留了前第一銀行留下來的金庫門、樓梯的舊欄杆、以前的撥接式老電話等，在走道轉角或梯廳處製造出其他旅宿沒有的獨特之處，就能吸引人們目光多看幾眼。此外，在動線兩側的牆面上也可以設計代表旅宿空間的故事性壁畫，邊走邊欣賞留下對旅店的記憶，不管是日後回住或推薦給親友，都在無形中達到鼓勵消費的目的。

在動線兩側的牆面上也可以設計代表旅宿空間的故事性壁畫，讓住宿的旅客能夠邊走邊欣賞留下對旅店的記憶。圖片提供＿ TBDC 台北基礎設計中心

旅宿設計 Tips ｜ 從走道設計看出貼心度

在通往客房的走道上，雖然停留的時間不多，但設計上的細節卻不可忽視。以寬度來說，要依照客房是僅在走道單面，還是雙面皆有來思考尺寸，通常不得小於 1.2 ～ 1.6 公尺；走道鋪設的地毯因為要拖拉行李，除了需要考量隔音和靜音效果，以免打擾到房內旅客，還要讓行李箱便於拖行不會被地毯卡住，短毛地毯會是較好的選擇。

設備管線 #集中管理 #降低毀損

隱藏管線集中規劃管理

　　設計師黃懷德強調，旅宿提供的硬體服務之一，就是要讓旅人擁有一個沒有壓迫感的舒適空間，因此天花板最好不要為了遮蔽管線而封板降低高度，但也不能將雜亂的管線外露影響整體美觀，他分享在管線設計規劃上的巧思，可以將管線全部集中在客房內天花板上的同一區隱藏，如此一來，不但保有天花板高度，客人也看不到管線，站在務實角度來看，管線集中便於維修，且省下天花板的裝修時間及費用，是一舉數得的設計手法。

　　設計師傅菽駣表示，裝修旅宿前，應為電熱水器、管線設置一個管道間，避免裸露出來，妨礙觀瞻。不過，工業風的盛行，替外露的管線解套，藉由漂亮的拉線，搭配燈具、金屬配件等，除了輕鬆營造 LOFT 風，還能大幅省下木工費用；或者也可做成裝置藝術，例如加裝幾根水管變成書架，讓缺點成為旅宿亮點。而聳立在頂樓的水塔，則可利用格柵、植栽來隱藏，施作簡易又合乎法規；或者也可透過視覺角度差解決水塔外露的問題，只要將其往後移，在一樓仰望時因有斜角，便不易看到水塔。

透過造景與格柵來遮掩水塔，既合乎法規，且施作與維護也相當簡易。圖片提供＿傳域設計

在管線設備規劃上最好能在營運前先全盤考量。
圖片提供＿ TBDC 台北基礎設計中心

🏠 場外先施作設備再安裝

　　如果要將老建築或舊公寓改裝成新旅宿，最常碰到的困難就是擔心裝修過程中破壞到原建物，為了減少裝修時的安裝敲打造成毀損，設計師黃懷德建議不要在現場施作設備配件，可改為事先在合作工廠製作好半成品，再到現場組合安裝，這樣的做法除了降低損壞古蹟的風險，縮短工期、掌控品質之外，價格上也更有競爭力。

> ### 旅宿設計 Tips ｜ **營運前先確定好用電需求**
>
> 旅宿空間可能會隨著營運時期的不同階段而有變化，但在管線設備規劃上最好能在營運前先全盤考量，以用電量為例，單純住宿的用電量和有餐飲設備的用電量完全不同，如果一開始沒有把可能的需求納入考慮，後期才要更改增流，在時間和預算上都會造成影響。

▌客房設計 #房型規劃 #配件挑選 #精選備品

🔹 聰明規劃旅宿房型

　　青旅、旅宿、飯店所要規劃的房型大不相同，事先設想入住的目標客群再做規劃，才能避免設計完打掉重蓋的困擾。

　　黃偉祥在《微型旅宿經營學》中提到，「床的大小取決於空間和銷售方向，建議旅宿不要只有單一房型，若空間上允許，可彈性組合各種房型。」以背包客為主的青旅，勢必要規劃背包客房型，注意別讓空間塞滿床鋪，而是盡可能地保留足夠的採光與提供寬闊的走道，讓旅客睡得舒適又安穩。如今個人、雙人、多人旅遊當道，再加上親子旅遊所需的家庭房型供不應求，規劃各種不同類型的套房，才能因應旅遊市場的需求。

規劃背包客房型時，注意別讓空間塞滿床鋪，而是盡可能地保留採光與寬闊的走道，讓旅客睡得舒適又安穩。攝影__邱于恆

🏠 客房設計是旅宿的生存之道

　　旅宿的主要收入命脈來自於客房入住率，以實際面來思考，一間旅宿需要有幾間客房、幾張床鋪、房間坪數大小、房價定位、配備規格等，都要配合財務試算反推的結論，再進行設計規劃；以設計面向來看，客房的主題風格必須切合旅宿的品牌調性，在符合整體空間設計的主軸下，賦予不同的房型特色。在調性一致的大前提下，旅店建立了品牌識別度，也因為調性相同，使用的素材相近，得以大量採購將預算花在刀口上。

🏠 配件道具全採模組化

　　如同客房設計的邏輯，旅宿空間要生存必須綜觀考量現實面，因此客房內所使用的配件道具，應掌握規格化和標準化的基礎原則，再融入活潑的設計元素，營造房間的放鬆氣氛，讓入住客人能有輕鬆悠閒的感受。

　　在「天成文旅—華山町」的客房裡，就能看到這樣的模組化設計，設計師黃懷德說明指出，配件道具依功能分類，以「華山町」三個中文字為發想，將華字設計為桌椅收納櫃，山字設計為電視層板，町字設計為衣帽吊掛架及保險箱，每間房內都有同樣的配備，再視空間擺放在適合的位置；床頭牆面則以呼應當時 1950 年代美國漫畫風行的浪潮，繪製以飯店代表角色為故事的壁畫，無論客房大小，都能體驗到中西方人文藝術氣息。

以「華山町」三個中文字為發想，將華字設計為桌椅收納櫃，山字設計為電視層板，町字設計為衣帽吊掛架及保險箱。圖片提供＿ TBDC 台北基礎設計中心

「天成文旅—華山町」床頭牆面則以呼應當時 1950 年代美國漫畫風行的浪潮，繪製以飯店代表角色為故事的壁畫。
圖片提供＿ TBDC 台北基礎設計中心

🏠 精選床墊、傢具、備品，為旅宿畫龍點睛

　　《微型旅宿經營學》一書建議，旅宿盡量使用耐久、品質較佳的床墊；一張好的床墊配合保潔墊的運用，使用 10 年是沒問題的，而床的軟硬度每個人的喜好程度不同，可從經營者的角度衡量，並請人試躺，找到最適合旅宿的床墊。從床為核心，延伸到傢具、備品、藝術品的選購，在預算可接受的範圍下，會建議可以考慮多功能或具有背後意義的傢具，在細微之處能展現旅宿的用心程度。

　　設計師黃懷德認為，現在的旅宿跟傳統的旅館亦不相同，從備品上的用心挑選就能看出差異，備品不再只是過夜使用完就丟棄的東西，而是朝向體貼、獨特、用過會想買回家繼續使用，或作為旅行伴手禮的方向發展，這樣的備品趨勢為旅店創造了新的營收來源。當在旅店住宿時，空間設計和備品搭配成為不可拆分的體驗，這樣的美好感受能帶動備品銷售增加收入，也能提升回住率，讓旅宿空間能經營存活，還能活得更好。

「Home Hotel」所使用的沐浴備品與傢具皆為 MIT 商品，深植品牌精神在空間的每個角落。圖片提供＿ Home Hotel

「Home Hotel」提供精緻泡茶組，展現旅宿用心的待客之道。圖片提供＿ Home Hotel

旅宿設計 Tips ｜ **善用建材創造新視點**

客房在材質的選用上，也可掌握素材元素相同，但運用塗料變化顏色，燈光營造亮暗對比，在調性一致的原則下，展現不同風貌的設計風格，例如同樣都是木絲吸音板，在旅店大廳的展覽空間可以塗上低調的黑色，突顯展品特色；在等候電梯的梯廳就以原色呈現，搭配照明投射讓空間明亮放大，兼顧視覺變化及預算控管。

▌浴廁設計 #迴水系統 #防潮建材

🏠 水電配置

      通常晚上九點到十二點，是旅客高度使用浴廁的時段，在設計上，應避免床頭緊靠隔壁房或房間內部排水管的管道間旁，否則會影響睡眠。而給水排水、馬桶沖水都會產生聲音，可在水龍頭加裝水錘吸收器、馬桶水箱裝置橡膠墊，以降低噪音。而迴水系統能讓旅客在使用熱水器的高峰時段，縮短等待熱水的時間，但因費用較高，對規模小的民宿業者來說，可能不敷成本。另外，若是以老屋改裝，須注意地面排水要設置存水彎，以防管內廢氣飄散、小昆蟲從排水口爬進屋內而影響旅客的住宿評價。

應避免將床頭緊靠隔壁房或房內排水管的管道間旁，以防影響睡眠。圖片提供＿傅域設計

▲ 適合用於浴廁的防潮建材

浴廁是滑倒事故發生率最高的場所，在裝修上，安全性第一。選擇吸水率低、凹凸起伏大的磁磚，除了能提供較好的防滑力，也是極佳的防潮建材；並建議磁磚要留備品，因廠商更換新品速度快，這批生產完很可能就斷貨，倘若一個磁磚破了，無法更換，就要全部打掉重鋪，非常傷成本。若想打造浴廁質感，檜木與大理石是不錯的選擇。前者可用在架高的地板、牆門、天花板及缸體本身，但須注意通風及乾燥；後者，要選非多孔隙的石材，可用在牆面、地板，最常是洗手檯檯面，但要注意支撐大理石的結構需用不鏽鋼，以防生鏽。

客房專用浴廁的淨面積不得小於 3 平方公尺，裝修浴廁空間時須留意。圖片提供__傅域設計

旅宿經營 Tips ｜ 浴廁設計注意事項

根據「觀光旅館建築及設備標準」指出，擁有單人房、雙人房及套房 30 間以上的觀光旅館，其客房專用浴廁的淨面積不得小於 3 平方公尺，故具一定旅宿規模的業者須注意其空間規劃。而一些貼心細節的設計也會讓旅客反覆光顧，像是安裝扶手的浴缸、淋浴區擺上小板凳，甚至進一步符合親子需求，如使用子母馬桶蓋、放置洗手乳、洗手檯旁附上小樓梯等，都是體貼周到的服務。

IDEAL BUSSINESS 019

主題式旅宿設計經營學：
市場趨勢 × 行銷策略 × 空間設計，剖析特色旅宿致勝關鍵

作者｜漂亮家居編輯部
責任編輯｜陳顗如
採訪編輯｜Patricia、Virginia、Joy、Jessie、余佩樺、田瑜萍、
　　　　　劉繼珩、洪雅琪、王馨翎、黃纓婷、江敏綺
封面 & 版型設計｜王彥蘋
美術設計｜Joseph、王彥蘋、鄭若誼
編輯助理｜黃以琳
活動企劃｜嚴惠璘
版權專員｜吳怡萱

發行人｜何飛鵬
總經理｜李淑霞
社長｜林孟葦
總 編 輯｜張麗寶
副總編輯｜楊宜倩
叢書主編｜許嘉芬
出版｜城邦文化事業股份有限公司 麥浩斯出版
地址｜104 台北市中山區民生東路二段 141 號 8 樓
電話｜02-2500-7578
E-mail｜cs@myhomelife.com.tw

發行｜英屬蓋曼群島商家庭傳媒股份有限公司城邦分公司
地址｜104 台北市民生東路二段 141 號 2 樓
讀者服務專線｜0800-020-299
讀者服務傳真｜02-2517-0999
E-mail｜service@cite.com.tw
劃撥帳號｜1983-3516
劃撥戶名｜英屬蓋曼群島商家庭傳媒股份有限公司城邦分公司

香港發行｜城邦（香港）出版集團有限公司
地　址｜香港灣仔駱克道 193 號東超商業中心 1 樓
電　話｜852-2508-6231
傳　真｜852-2578-9337

馬新發行｜城邦（馬新）出版集團 Cite (M) Sdn. Bhd
地　址｜41, Jalan Radin Anum, Bandar Baru Sri Petaling,
57000 Kuala Lumpur, Malaysia.
電　話｜603-9056-3833
傳　真｜603-9057-6622
總經銷｜聯合發行股份有限公司
電　話｜02-2917-8022
傳　真｜02-2915-6275

製版印刷｜凱林彩印事業股份有限公司
版 次｜2021 年 1 月初版一刷
定 價｜新台幣 550 元

Printed in Taiwan

主題式旅宿設計經營學：市場趨勢 × 行銷策略 × 空
間設計，剖析特色旅宿致勝關鍵 / 漂亮家居編輯部著.
-- 初版 . -- 臺北市：城邦文化事業股份有限公司麥浩
斯出版：英屬蓋曼群島商家庭傳媒股份有限公司城邦
分公司發行, 2021.01
　面；　公分 . -- (Ideal business ; 19)
ISBN 978-986-408-648-1(平裝)

1. 旅館業管理

489.2　　　　　　　　　　　　　　　109019674